J. GAUBE (du Gers)

COURS

DE

MINÉRALOGIE BIOLOGIQUE

ANALYSE MINÉRALE DE LA CHAIR DE L'HOMME
ET DES ANIMAUX
DÉMINÉRALISATION ET REMINÉRALISATION DE L'HOMME
SPÉCIFIQUE MINÉRAL DES MALADIES BACTÉRIENNES DE L'HOMME
L'IODOBENZOYLIODURE DE MAGNÉSIUM
DANS LE TRAITEMENT DE LA BRONCHO-PNEUMONIE

Troisième série

PARIS

A. MALOINE, ÉDITEUR

23-25, RUE DE L'ÉCOLE-DE-MÉDECINE, 23-25

1901

COURS

DE

MINÉRALOGIE

BIOLOGIQUE

J. GAUBE (du Gers)

COURS

DE

MINÉRALOGIE

BIOLOGIQUE

ANALYSE MINÉRALE DE LA CHAIR DE L'HOMME
ET DES ANIMAUX
DÉMINÉRALISATION ET REMINÉRALISATION DE L'HOMME
SPÉCIFIQUE MINÉRAL DES MALADIES BACTÉRIENNES DE L'HOMME
L'IODOBENZOYLIODURE DE MAGNÉSIUM
DANS LE TRAITEMENT DE LA BRONCHO-PNEUMONIE

Troisième série

PARIS

A. MALOINE, ÉDITEUR

23-25, RUE DE L'ÉCOLE-DE-MÉDECINE, 23-25

1901

COURS

DE

MINÉRALOGIE BIOLOGIQUE

PREMIÈRE LEÇON

DE L'ANALYSE MINÉRALE DE LA CHAIR HUMAINE
ET DE LA CHAIR DES ANIMAUX

Messieurs,

Le minéral fut l'instrument premier de la vie ; le minéral est la raison de la vie. Peu d'esprits sont préparés, à cette heure, pour accepter cette conception de la vie, conception scientifiquement vraie, conception dont les arguments débordent, en tous sens, de l'étude philosophique des sciences naturelles.

Les minéraux combinés entre eux ou agrégés les uns aux autres constituent, chez l'homme et chez les animaux, le *minerai animal.*

Le minerai biologique, le minerai animal n'a point d'analogue dans la minéralogie proprement dite.

1

Le minerai animal se compose, notamment, de chlorures de sodium, de potassium, de calcium, de magnésium, de fluorure de calcium, de sulfates de sodium et de potassium, de carbonates de sodium et de potassium, de phosphates calciques, de phosphates magnésiens, de phosphates de sodium et de potassium, de manganèse, d'alumine et de silice, et, trait caractéristique, d'albuminates sodiques, potassiques, calciques, magnésiens, ferriques et manganiques ; la gangue du minerai animal est faite essentiellement de matière protéique.

Aucune des industries connues ne peut nous servir pour analyser le minerai animal, minerai le plus précieux de tous puisqu'il est matériellement nous-mêmes depuis notre formation jusqu'à notre destruction.

Selon le but à atteindre, deux méthodes s'offrent à nous pour extraire le minerai animal de sa gangue organique : l'une, fort ancienne, savamment corrigée par quelques illustres chimistes, consiste à débarrasser le minerai de sa gangue par l'*incinération* ; l'autre, qui nous appartient, consiste à prendre le minerai à la matière organique, par des procédés chimiques divers, réservant l'*incinération* de la gangue organique pour obtenir la totalité de quelques éléments minéraux seulement.

Lorsqu'on voudra doser la totalité des éléments

acidifiables de la chair des animaux et de l'homme en même temps que les autres éléments constituant le minerai animal, on emploiera la première méthode avec les modifications que nous y avons apportées. Au contraire, lorsqu'on voudra doser exclusivement le minerai animal tel qu'il est, on emploiera la deuxième méthode, la nôtre. La chair doit subir, soit pour l'incinération, soit pour l'analyse à froid, une préparation particulière, mais différente suivant le mode d'analyse auquel elle sera soumise.

Aux fins d'analyse minérale par l'incinération, la chair vivante, je veux dire la chair d'un animal que l'on vient de sacrifier, doit être desséchée ; elle doit subir la *dessiccation ; l'extrait sec* est le résultat de la dessiccation. Les mots *dessiccation, extrait sec* sont excessivement vagues. Nous dirons qu'une viande, un muscle, est *desséché* quand il sera resté pendant trente-six heures, à une température de 105° C. dans une étuve à vide ; nous appellerons *extrait sec* le poids constant de cette viande, de ce muscle ainsi desséché.

Pour sécher la viande fraîche nous la coupons en morceaux minces, à l'aide d'un scalpel, au-dessus d'une nacelle de platine dont nous avons préalablement déterminé le poids ; nous plaçons ensuite la nacelle dans une étuve à vide dont voici la description.

L'étuve à vide se compose :

1° D'un tube cylindrique A de $0^m,10$ de diamètre et de $0^m,30$ de longueur fait de cuivre rouge étamé à l'intérieur ; ce tube baigne dans la glycérine neutre. A son extrémité antérieure le tube se ferme par un bouchon à vis muni d'un joint de caoutchouc B ; à son extrémité postérieure le tube de cuivre se termine par un cône surmonté d'un tube de plus petit diamètre C qui vient s'aboucher dans un flacon réfrigérant D ; du flacon réfrigérant part un tube E en U garni de pierre ponce imbibée d'acide sulfurique et relié à une trompe à eau F.

Le poids de la matière sèche s'exprimera par la différence du poids de la nacelle avant et après la dessiccation ; le poids de l'eau se déduira du poids du réfrigérant avant et après l'opération.

Le poids de l'eau condensée fournie par le réfrigérant est inférieur au poids de l'eau que paraissent donner les pesées comparées de la nacelle à l'entrée et à la sortie de l'étuve. Cette différence entre le poids de l'eau réellement condensée et le poids comparé de la nacelle provient de la volatilisation de certains principes contenus dans la viande ; nous tenons pour exact, c'est-à-dire comme représentant l'eau évaporée de la viande, le poids de l'eau condensée dans le réfrigérant.

Pendant la dessiccation il s'écoule de la viande,

dans la nacelle métallique, une sorte de jus qui adhère aux parois de la nacelle ; on reprend ce résidu par l'eau distillée chaude, on dessèche jusqu'à consistance sirupeuse et on saupoudre avec de la viande réduite en poudre comme je vous l'expliquerai tout à l'heure ; la poudre de viande s'empare de la masse sirupeuse et l'on dessèche de nouveau dans le vide à 105° C. ; il reste ainsi dans le fond de la nacelle une poudre homogène, qui servira pour l'analyse minérale.

Avant de peser la nacelle après la deuxième dessiccation de la viande, on la fait refroidir sur l'acide sulfurique à cause des propriétés hygrométriques de la poudre de viande.

Lorsque la chair est desséchée, on la réduit en poudre, soit qu'on la pulvérise dans un moulin à râpe de A. Girard, soit qu'on la pulvérise dans un mortier de porcelaine, ce qui est préférable.

Quand la viande est desséchée, on la carbonise. La carbonisation est le stade qui sépare la dessiccation de l'incinération.

Pour certains chimistes, la carbonisation faite avec ménagement est l'un des points importants de l'analyse minérale des matières organiques, comme nous le verrons en exposant les différentes méthodes d'analyse.

L'incinération a pour but de brûler *toute* la

matière organique afin d'obtenir *tous* les éléments minéraux, *toutes* les cendres.

La méthode d'analyse par incinération de la chair est une méthode dangereuse ; elle volatilise certains composants du minerai animal lorsqu'elle est pratiquée à l'air libre ; elle donne une somme de produits qui n'appartiennent pas au minerai animal lorsqu'elle est pratiquée au contact de corps oxydants. Le minerai animal est formé de filons particuliers ; ceci n'est pas un des caractères les moins curieux de la distribution de la matière minérale dans l'organisme.

Des filons sont exclusivement composés de chaux et de magnésie ; d'autres sont composés de soude et de potasse ; d'autres contiennent le fer et le manganèse ; d'autres encore les métaux rares. L'inconvénient le plus grave de l'incinération, c'est incontestablement de ne pas nous permettre de distinguer les filons les uns des autres, de ne pas nous permettre de distinguer les filons calciques des filons sodiques, etc.

Quelques chimistes cherchent à retirer la matière minérale, après la carbonisation, du charbon réduit en poudre, soit par l'acide azotique, soit par l'acide chlorhydrique, soit par l'acide sulfurique ; or, ces acides, même concentrés, n'enlèvent pas au charbon toute la matière minérale qu'il contient.

D'autres lessivent le charbon, recueillent les eaux de lavage et incinèrent ensuite le charbon lavé avec les matières insolubles qu'il a retenues ; ils ajoutent aux cendres le résidu des eaux de lavage et calcinent légèrement le mélange ; ils évitent ainsi l'action réductrice du charbon sur les sels, la volatilisation relative des chlorures. D'autres encore mouillent simplement le charbon, le dessèchent ou le laissent sécher et incinèrent complètement.

Un grand nombre de chimistes ajoutent des azotates d'urée, d'ammoniaque ou de potasse à la matière organique desséchée, ce qui hâte la combustion, mais ce qui ne saurait empêcher les pertes de chlore principalement puisque la chaleur développée par les réactions chimiques vient s'ajouter aux autres causes de volatilisation des chlorures et des éléments acidifiables. D'ailleurs, toutes les incinérations faites à l'air libre, quels que soient les moyens employés, sont nécessairement défectueuses, car le phosphore, le soufre, le chlore libres ou combinés sont en partie chassés pendant la durée de l'incinération.

Pour obvier aux pertes certaines des chlorures et des éléments acidifiables pendant l'incinération des matières organiques à des températures élevées, Schlœsing a inventé le procédé d'analyse suivant.

La matière organique est placée sur une petite nacelle de platine que l'on introduit dans un gros tube de porcelaine placé au fond d'une grille à gaz ; on remplit le tube fermé à ses deux extrémités par des bouchons d'amiante, d'acide carbonique pur ; on chauffe sans jamais dépasser la température du rouge sombre tandis qu'un courant de gaz carbonique parcourt le tube de porcelaine ; dès qu'il ne s'échappe plus d'hydrocarbures inflammables, le courant de gaz carbonique qui traversait le tube de porcelaine est remplacé par un courant d'oxygène qui arrive lentement, une bulle par seconde ; on baisse légèrement le feu de la grille et la matière organique se trouve ainsi graduellement comburée ; sept à huit litres d'oxygène suffisent pour brûler en une heure et demie 10 grammes de muscle. Après et avant l'incinération la nacelle contenant les cendres est pesée dans un tube de verre bouché à l'émeri et muni d'un coin qui l'empêche de rouler sur le plateau de la balance. La nacelle repose dans le tube de porcelaine sur une plaque mince de platine coudée à une de ses extrémités perpendiculairement à son axe ; la plaque de platine permet de retirer, facilement et sans secousses, la nacelle du tube de porcelaine.

Plus parfait que ceux qui l'ont précédé, ce procédé d'analyse n'évite cependant pas les pertes de matière minérale. La combinaison des éléments acidifiables oxydés, avec les alcalis disponibles, n'a lieu qu'à des températures assez élevées et la combustion de la matière organique s'effectuant dans l'appareil de Schlœsing à une température relativement basse, les pertes de phosphore, de soufre surtout, sont sensibles.

Pour obtenir le chlore, le phosphore et le soufre de la matière organique, Berthelot la brûle dans l'oxygène libre « en dirigeant les vapeurs sur une longue colonne de carbonate de soude, à une température ne dépassant pas le rouge sombre ». Le procédé d'incinération de Berthelot est un perfectionnement du procédé d'incinération de Schlœsing. Le carbonate de soude s'empare des éléments acidifiables dont la posologie devient ainsi presque facile.

La viande se carbonise difficilement, lentement, et la carbonisation est accompagnée d'une véritable distillation pendant laquelle de nombreux produits volatils, échappés à l'oxydation, sont entraînés en même temps que les éléments acidifiables, souvent hypoxydés. En outre, il est rare que l'on obtienne, par l'un quelconque des procédés que je viens de décrire, des cendres exemptes de charbon ; or, le charbon des cendres correspond à des pertes de matière minérale.

1.

Nous avons pensé que si l'on ajoutait à de la poudre de viande finement pulvérisée au mortier, une base capable de retenir sur place le chlore, le phosphore et le soufre et qui hâterait en même temps la combustion dont les produits volatils, dégagés depuis le commencement de la carbonisation jusqu'à la complète incinération, seraient comburés par un agent puissant d'oxydation, nous avons pensé, dis-je, que dans ces conditions, nous obtiendrions des cendres pures, sans pertes de chlore, de phosphore et de soufre.

Je ne suis pas le premier qui ait pensé d'ajouter une base fixe à la matière organique pour la calciner mieux et plus vite sans pertes appréciables ; d'autres, avant moi, se servirent, dans des conditions différentes des miennes, il est vrai, de la *magnésie*, de la *baryte*, de l'*oxyde de mercure*, de l'*oxyde de fer*, de l'*argent pulvérisé*, de la *mousse de platine*, etc.

Nous prenons un poids égal de chaux pure et de poudre de viande finement pulvérisée au mortier, nous les mélangeons aussi exactement que possible par trituration dans un mortier de porcelaine ; nous plaçons ce mélange dans un creuset de plombagine ; le mélange de poudre de viande et de chaux ne devra jamais occuper plus d'un tiers de la capacité du creuset.

Nous pouvons prendre également de la viande fraîche coupée en tranches minces placées par couches superposées entre deux couches de chaux pure ; une couche de chaux au fond du creuset, une couche de viande au-dessus de la couche de chaux, puis une couche de viande et une couche de chaux, et ainsi de suite jusqu'à la dernière couche de viande que l'on recouvre d'une couche de chaux.

Lorsque la viande est placée dans le creuset de plombagine A, on ferme le creuset avec un couvercle B qui entre à frottement dur ; le couvercle du creuset est percé de deux ouvertures symétriques CC placées de chaque côté de l'anneau d'extraction D, près de la circonférence ; le couvercle porte à son centre un anneau d'acier E vissé à la face inférieure par un écrou creusé dans un petit bloc de cuivre. Les trous qui traversent le creuset ont 1 centimètre de diamètre environ ; par ces ouvertures pénètrent dans le creuset deux tubes FF de cuivre étamé coudés à leur partie supérieure, à 33 centimètres environ au-dessus de la face extérieure du couvercle ; l'un de ces tubes 'descend dans le creuset jusqu'à 3 centimètres de distance, soit de la poudre de viande et de chaux mélangées, soit de la couche de chaux ; l'autre tube dépasse de fort peu la face inférieure du couvercle du creuset et fait une saillie de quelques millièmes à peine dans le creuset.

Les tubes de cuivre reliés à des tubes de verre les pénètrent et sont maintenus par des tubes de caoutchouc arrêtés sur le tube de cuivre et sur le tube de verre par des spires de fil de fer fortement serrées à la pince ; les tubes de verre se dirigent l'un, celui qui communique avec le tube de cuivre plongeant dans le creuset, vers un flacon laveur rempli au cinquième d'eau distillée ; l'autre, celui qui communique avec le tube affleurant à peine la face inférieure du couvercle du creuset, se dirige vers un autre flacon laveur contenant une solution saturée de carbonate de soude chimiquement pur, c'est-à-dire exempt de chlorures, de sulfates et de phosphates. Quand le creuset est ainsi préparé, on lute toutes les ouvertures, en commençant par le couvercle du creuset, à l'aide de terre réfractaire sous forme de pâte épaisse ; on laisse sécher à la température ambiante la terre réfractaire pour que la chaleur ne la fendille pas ; cela fait, on place le creuset sur un foyer de gaz ; on fait passer dans tout l'appareil un courant d'oxygène provenant d'un tube d'acier où il est comprimé à 120 atmosphères ; ce tube d'acier est muni d'une vis micrométrique et d'un manomètre ; il communique avec le flacon laveur contenant de l'eau distillée dont je vous ai parlé tout à l'heure ; ce flacon laveur se trouve donc situé entre le tube d'acier contenant l'oxygène gazeux comprimé et le creuset de plombagine contenant la viande à incinérer.

Lorsque tout l'air a été chassé de l'appareil, on règle le débit de l'oxygène de manière qu'il puisse passer six bulles d'oxygène à la seconde ; on allume alors une couronne de becs de Bunsen dont la flamme couvre tout le couvercle du creuset ; on chauffe ainsi pendant une demi-heure ; on allume ensuite le foyer à gaz sur lequel repose le creuset ; ce foyer est disposé de telle sorte que les flammes entourent complètement le creuset ; on continue de chauffer pendant une demi-heure à trois quarts d'heure ; puis on éteint les becs de Bunsen qui chauffaient le couvercle et on allume une couronne de becs de Bunsen entourant tout entière la panse du creuset ; au bout de cinq heures, 200 grammes de muscle frais sont complètement incinérés ; on trouve, à l'ouverture du creuset, une sorte de coke blanc, exempt de charbon ; je dis de coke blanc parce que la matière qui reste dans le creuset a l'aspect poreux du coke.

Contrairement à ce que l'on avait fait jusqu'à présent, nous avons incinéré la viande à une température très élevée, au contact de la chaux, en présence de l'oxygène libre, abondant. Nous laissons passer l'oxygène dans notre appareil pendant environ dix minutes après l'extinction du feu.

Quels sont les résultats donnés par cette nouvelle méthode d'analyse ? Je vous en indiquerai un seul. Le soufre trouvé dans le creuset répond à peu de chose près au soufre théorique que doit contenir la viande en sus du soufre combiné. Or, de tous les éléments acidifiables contenus dans la viande c'est sur le soufre, de l'avis de Berthelot lui-même, que porte principalement le déficit dans les analyses ordinaires. Il semblerait que, dans les conditions où nous nous sommes placé, les pertes de chlore dussent être abondantes ; il n'en est rien ; nous retrouvons le chlore à l'état de combinaisons métalliques dans le creuset, et rarement la solution carbonatée sodique du flacon laveur faisant suite au creuset nous a servi à corriger les dosages du chlore ; le plus souvent elle n'en contenait pas.

Comme Schlœsing, comme Berthelot, comme tant d'autres, nous nous sommes proposé d'obtenir le chlore total, le phosphore total, le soufre total de la chair des animaux et de l'homme, et nous croyons y avoir réussi. S'il est vrai que le chlore existe dans sa totalité en combinaisons minérales solubles au sein de la viande, par contre, le phosphore et le soufre, en grande partie, se rencontrent dans la chair à l'état de combinaison organique, ce qui équivaut pour nous à l'état libre, soit, en dehors de toute combinaison minérale.

En incinérant la viande par les moyens que nous venons d'indiquer, nous avons, sous la forme d'acide sulfurique et d'acide phosphorique, le soufre et le phosphore total de la matière organique ; avons-nous le droit, nous, minéralogiste biologiste, de compter le phosphore et le soufre de la matière protéique dans nos analyses ?

Lorsque nous cherchons à connaître le minerai animal, la matière minérale que renferme un tissu animal, nous devons la prendre en l'état, car, au moment même où nous faisons l'analyse, toutes les combinaisons biochimiques sont arrêtées ; nous saisissons l'ouvrage de la vie dans ses résultats actuels et il ne nous est pas permis de supposer quelle aurait pu être la vie du lendemain qui a suivi le jour où nous l'avons arrêtée. J'ai là, devant moi, l'acide phosphorique, l'acide sulfurique combinés aux bases, aux oxydes, et cet acide phosphorique, cet acide sulfurique, m'intéressent à l'exclusion des éléments acidifiables non encore oxydés, non encore combinés, n'ayant pas encore vécu. Ce que je cherche, moi, minéralogiste biologiste, c'est la matière minérale telle qu'elle se rencontre dans un tissu vivant, qui a vécu de sa vie propre. Tout autre sera notre souci quand nous ferons la statique des éléments acidifiables, quand nous chercherons à savoir ce qu'il a été réduit de composés phosphorés et sulfurés dont le phosphore et le soufre se sont fixés autour du carbone pour former la molécule protéique.

Il ne faut pas perdre de vue, d'ailleurs, que dans la nutrition normale, les oxydations du phosphore et du soufre ne doivent se faire qu'à mesure de l'arrivée des bases qui les peuvent neutraliser.

Nous ne saurions donc nous occuper, en ce moment, des éléments acidifiables de la chair des animaux et de l'homme qu'autant qu'ils y existent à l'état de combinaisons minérales.

Je sais bien que la minéralogie proprement dite s'occupe, par extension, des corps organiques transformés à la suite des âges dans le sein de la terre ; je sais bien que l'on ne peut pas considérer ni le phosphore, ni le soufre comme des produits formés aux dépens des actions vitales, qu'ils sont des corps bruts, des minéraux au même degré que la chaux, la magnésie, la soude ou la potasse ; mais que dire alors, sinon que nous sommes faits, de toutes pièces, de corps bruts et que la minéralogie biologique est la première des sciences que doivent apprendre tous ceux qui étudient les corps animés. Tous les gaz condensés, hydrogène, oxygène, azote, qui forment une grande partie de la gangue organique sont aussi des corps bruts qui ne constituent, pas plus que le carbone solide autour duquel ils se rangent en groupes divers, des produits de la vie, si nous les considérons isolés ; mais la vie change leurs conditions, et tant qu'ils n'ont point subi la désintégration, témoignage de leur utilisation par cette réunion de forces s'exerçant dans un milieu particulier et que l'on appelle la vie, nous devons, croyons-nous, les considérer comme hors d'atteinte de la minéralogie biologique.

C'est, pénétré de ces idées, que nous avons fait l'analyse minérale de la chair des animaux et de l'homme. Nous avons réservé l'incinération pour le jour prochain où nous serons appelés à étudier la nutrition dans son intimité ; ce jour-là, nous saurons sur quelles bases et dans quelles conditions le soufre et le phosphore organiques peuvent être oxydés, nous connaîtrons le *sol animal* tel qu'il est ; nous pourrons en déduire la récolte, c'est-à-dire les actes vitaux, l'animal, l'homme, leurs sensations et leurs relations.

Je vous disais, il y a un instant, que le minerai animal se répartissait en filons distincts. En effet, une expérience, déjà longue de près de dix ans, nous a enseigné que la chaux et la magnésie, que la potasse et la soude, pour ne parler que des corps bruts le plus grossièrement appréciables, se tenaient à côté les unes des autres dans les corps vivants, mais qu'elles occupaient des milieux séparés.

Nous démontrâmes au Congrès de Pau, en 1892, en étudiant le sol de la poule domestique, que la chaux et la magnésie se rencontraient exclusivement dans le jaune de l'œuf, que la potasse et la soude se rencontraient pour ainsi dire tout entières dans le blanc de l'œuf ; en 1893, en un court mémoire publié dans les *Archives de Médecine*, je démontrai que la substance grise du cerveau avait pour dominantes minérales la chaux et la magnésie, tandis que la potasse et la soude dominaient dans la substance blanche ; enfin, dans un autre mémoire publié en 1894, chez Asselin et Houzeau, j'établissais que la minéralogie du parenchyme pulmonaire se composait de chaux et de magnésie à l'exclusion de la potasse et de la soude. A mesure que se poursuivaient nos travaux, la spécialisation des minéraux s'affirmait, la vie nous apparaissait comme le résultat d'une simple réaction chimique des bases terreuses et des bases alcalines en leurs diverses combinaisons, de la chaux et de la magnésie presque insolubles, de la potasse et de la soude solubles, tirant de la condensation de l'oxygène et de l'hydrogène, de l'eau, en un mot, la force d'expansion qui devait peupler la terre.

DEUXIÈME LEÇON

DE L'ANALYSE MINÉRALE DE LA CHAIR HUMAINE
ET DE LA CHAIR DES ANIMAUX *(Suite)*.

Messieurs,

L'analyse minérale de la chair des animaux et de l'homme, telle que nous la pratiquons, ne comporte aucune ni des préparations, ni des expériences que je vous ai exposées dans la précédente leçon.

Nous prenons une quantité déterminée de viande fraîche ; c'est toujours à la viande fraîche que nous rapporterons le poids des éléments minéraux dosés ; nous coupons la viande en menus morceaux, je dis couper et non hacher, au-dessus d'un récipient d'une capacité d'un litre au moins ; nous laissons tremper la viande coupée dans l'eau distillée pendant douze heures en un endroit frais ; nous exprimons à la main le mieux possible, puis nous prenons avec soin les morceaux de viande épars dans le liquide, nous les portons sur la presse et nous exprimons : le liquide qui s'écoule de la

presse est ajouté au liquide dans lequel la viande
a macéré et aussi l'eau qui a servi à laver les mains;
nous prenons le gâteau qui reste sur la presse,
nous le déchiquetons dans une nouvelle quantité
d'eau distillée où nous.le laissons pendant quél-
ques heures ; nous exprimons de nouveau à la
main et nous pressons ; nous continuons ces diverses opérations jusqu'à ce que le liquide de lavage et d'expression passe incolore et limpide ;
nous réunissons alors tous les liquides d'expression et de lavage, nous les filtrons, nous lavons le
filtre ; les eaux de lavage sont ajoutées aux liquides
de lavage et d'expression de la viande ; nous mesurons très exactement le volume total des liquides
réunis ; nous conservons séparément le gâteau qui
reste sur la presse et le filtre qui a servi à filtrer
les eaux de lavage et d'expression. Qu'avons-nous
fait en lavant la viande, en l'exprimant ? Nous
l'avons privée de toute la soude, de toute la potasse ; en effet, le gâteau de viande qui reste sur la
presse ne contient plus ni potasse, ni soude, dans
aucun cas, en aucune circonstance ; toutes les analyses sont absolument concordantes sur ce point
important. Le gâteau de viande ne contenant plus
ni potasse, ni soude, contient-il encore du chlore ?
La solution de cette question nous a donné beaucoup de mal, mais après de nombreuses expé-

riences nous l'avons résolue par la négative : le gâteau de viande ne contient pas de chlore.

Les réactions si nettes de certains corps organiques, de quelques acides gras ou de leurs dérivés sur une solution d'azotate d'argent où ils précipitent abondamment et dont le précipité est facilement soluble dans l'ammoniaque, pourraient en imposer pour des réactions du chlore, mais ces réactions, qu'il est bon de connaître pour les pouvoir interpréter, ne fournissent point, à la pesée, la quantité d'argent correspondant à un poids connu d'un précipité qui serait composé de chlorure d'argent.

Première expérience :

Viande lavée et exprimée, traitée par l'acide azotique et distillée.

Précipité produit par l'azotate d'argent dans le liquide acide du réfrigérant :

17 centigrammes, séché après lavage.

Théoriquement 17 centigrammes de chlorure d'argent donnent : argent = 127 milligrammes.

Le précipité obtenu fournit : argent = 66 milligrammes.

Deuxième expérience :

Précipité de sels d'argent obtenus dans les mêmes conditions, lavé et séché :

Précipité = 32 centigrammes.

Le précipité laisse : argent = 11 centigrammes, au lieu de 24 centigrammes, prévus par la théorie.

Les écarts entre le produit obtenu et le produit théorique sont trop grands pour qu'ils soient imputables à des erreurs d'expérience. Il n'existe donc pas de chlore dans le gâteau de viande lavé et exprimé ; cela nous autorise à dire que le chlore contenu dans le muscle s'y rencontre à l'état de sels, à l'état de chlorures métalliques.

Le gâteau de viande lavé et exprimé contient-il de l'acide phosphorique, soit à l'état de combinaison, soit à l'état libre ? Cette question a déjà donné lieu à de nombreuses controverses ; elle touche à l'un des points les plus délicats de la chimie biologique, de la nutrition. Voici comment nous avons cherché à répondre à la question posée.

Nous jetons le gâteau musculaire dans de la lessive de soude pure ; nous laissons en contact pendant vingt-quatre heures en ayant soin d'agiter de temps à autre ; puis nous ajoutons de l'eau distillée, nous agitons et tout le gâteau se dissout dans la lessive de soude. Nous sommes donc en présence d'une solution du gâteau musculaire. Nous prenons une quantité déterminée de cette solution musculaire, nous y ajoutons goutte à goutte de la liqueur nitro-molybdique jusqu'à réaction à peine acide ; nous filtrons sur un filtre lavé à l'eau acidulée avec de l'acide azotique, nous laissons reposer le liquide filtré pendant le temps nécessaire à la précipitation du phospho-molybdate ; au bout de quarante-huit heures, il ne s'est déposé aucun précipité dans la liqueur nitro-molybdique ; le gâteau musculaire ne contenait donc plus d'acide phosphorique ni libre, ni combiné, car, vous l'avez bien compris, nous avons agi sur une solution de muscle pour attaquer l'acide phosphorique si elle en contenait, c'est-à-dire dans les conditions les plus favorables à l'attaque des sels protéiques puisqu'ils sont dissous dans la lessive de soude.

Nous prenons une quantité connue de solution musculaire, nous ajoutons à cette solution une solution de chlorure de magnésium et de chlorure d'ammonium, nous agitons pendant plusieurs minutes ; nous laissons reposer pendant quarante-huit heures. Au bout de quarante-huit heures, toute solution qui contiendrait de l'acide phosphorique laisserait précipiter dans les conditions ci-dessus de l'acide phosphorique sous la forme caractéristique de phosphate ammoniaco-magnésien ; or, notre solution musculaire ne fournit point d'acide phosphorique.

Le gâteau musculaire ne contient ni phosphate, ni phosphore oxydé.

Le phosphore organique s'oxyde facilement, plus

facilement que le soufre. Si, au lieu de dissoudre le gâteau musculaire dans la lessive de soude, vous le dissolvez dans la lessive de potasse où il se dissout, du reste, moins bien, le phosphore organique s'oxyde et vous trouverez de l'acide phosphorique dans la solution musculaire.

Nous prenons encore une quantité connue de solution musculaire sodique ; nous ajoutons à cette solution de l'acide chlorhydrique jusqu'à légère acidité, puis une solution de chlorure de baryum ; nous agitons la solution, nous laissons au repos pendant quarante-huit heures. Si la solution musculaire sodique contenait soit de l'acide sulfurique, soit un sulfate, nous aurions obtenu un précipité de sulfate de baryum insoluble ; il ne se produit dans notre solution aucun précipité de sulfate, donc le gâteau musculaire ne contient ni sulfate, ni acide sulfurique. Le gâteau musculaire contient du soufre organique, comme il contient du phosphore organique non oxydé.

Les lavages et l'expression enlèvent au tissu musculaire les chlorures, les sulfates et les phosphates. Le gâteau musculaire retient seulement le soufre et le phosphore en combinaison organique, non oxydés ; il retient autre chose encore en notable quantité ; il retient de la chaux, de la magnésie et du fluor ; le gâteau musculaire ne contient plus aucuns sels de potasse, de soude, de chaux, de magnésie ; il contient de la chaux, de la magnésie, du fluor. Comment nous y prendre pour enlever la chaux, la magnésie et le fluor au gâteau musculaire qui paraît les retenir à l'état d'albuminates de chaux, de magnésie et de spath fluor ? il est difficile, en effet, de concevoir une autre combinaison du protoplasme musculaire, de la chaux, de la magnésie et du fluor ; nous avons constaté qu'une solution musculaire sodique ne contenait plus ni phosphastes, ni sulfates, ni chlorures ; c'est donc bien à l'état de combinaison organisée, à l'état d'albuminates que la chaux, la magnésie, etc., se trouvent dans le protoplasme musculaire. Cette constatation nous facilitera l'explication de l'action intime du travail musculaire.

Pour enlever la chaux et la magnésie du gâteau musculaire nous l'incinérons ; les cendres qui restent de l'incinération ne sont pas exclusivement composées de chaux et de magnésie, elles sont formées de phosphate de chaux, de sulfate de chaux, de carbonate de chaux, de phosphate de magnésie, de sulfate de magnésie, de carbonate de magnésie. Ainsi voilà un corps, le tissu musculaire, qui paraît nous avoir dissimulé, avec autant d'habileté que d'énergie, les combinaisons phosphatées et sulfatées calciques et magnésiennes ; nous n'avons pas trouvé d'acide ni phosphorique, ni sulfurique dans la solution musculaire sodique et nous retrouvons des phosphates et des sulfates calciques dans les cendres du gâteau musculaire.

Les sulfates, les phosphates, les carbonates des cendres du gâteau musculaire proviennent de l'oxydation du phosphore, du soufre et du carbone organiques pendant l'incinération et il ne nous est pas permis de compter ces phosphates, ces sulfates comme appartenant au minerai animal tel que nous l'avons défini, car ils proviennent du phosphore et du soufre organiques. Aussi dissolvons-nous les cendres dans un acide et dosons-nous la chaux et la magnésie par les procédés que je vous indiquerai dans un instant. Quand on distille le spath fluor musculaire avec l'acide sulfurique, il se dépose de la silice à l'état gélatineux, ce qui semblerait indiquer que le fluor est allié dans le muscle non seulement au calcium, mais encore au silicium.

Les eaux de lavage et d'expression réunies recèlent les chlorures alcalins et terreux, les phosphates alcalins et les phosphates terreux, les sulfates alcalins, tous les sels solubles et insolubles, lesquels dissolvent certaines formes de matière protéique, lesquels sont dissous par la matière protéique, disposition qui n'est point faite pour faciliter l'analyse minérale des eaux de lavage et d'expression du tissu musculaire. Mais, au moins, savons-nous déjà que le protoplasme musculaire est fait principalement de matière protéique, de chaux, de magnésie, que le suc musculaire est fait de sels tantôt dissous dans la matière protéique, tantôt dissolvant la matière protéique.

A ce propos, permettez-moi de vous rappeler que j'ai tenté, il y a quelque six ans (*Archives de médecine*, mars 1893), de cataloguer les matières albuminoïdes telles qu'elles sont dans les organismes divers, selon la qualité de leur minéralisation. Le poids moléculaire de la matière protéique nous étant inconnu, j'avais pensé, et je pense encore aujourd'hui que la matière minérale imprimant son caractère propre à la matière protéique, la connaissance de la minéralisation des albuminoïdes était d'un grand secours, sinon la seule ressource pour en déterminer la nature au point de vue biochimique.

Dosage des éléments minéraux contenus dans le gâteau musculaire. — Nous prenons la totalité du gâteau musculaire, nous l'incinérerons au rouge sombre ; nous divisons les cendres en deux parties exactement égales ; dans l'une des moitiés nous dosons la silice, la chaux, la magnésie ; dans l'autre partie nous dosons le fluor.

Dosage de la silice. — On humecte les cendres avec précaution pour éviter que la chute d'eau distillée ne les disperse en partie ; pour humecter et mouiller les cendres on emploie 10 centimètres cubes d'eau distillée ; on ajoute goutte à goutte 25 centimètres cubes d'acide chlorhydrique pur ; on remue le mélange pour désagréger les cendres et faciliter l'attaque de l'acide ; on évapore à sec sur un bain de sable à une température maximum de 120° C. Pour rendre la silice insoluble, on laisse le résidu pendant vingt-quatre heures sur le même bain de sable à 120° ; on reprend par de l'acide chlorhydrique au tiers en chauffant et triturant avec un agitateur ; on filtre ensuite sur filtre double ; on recueille le liquide filtré dans un ballon de 300 centimètres cubes, on lave le filtre à l'eau acidulée avec de l'acide chlorhydrique, on le sèche et on le calcine. La silice est souvent souillée par des traces de fer ou de manganèse ; on la purifie en la reprenant par une solution de carbonate de soude à 10 p. 100 ; on évapore à siccité et on précipite par l'acide chlorhydrique dilué au tiers.

Dosage de la chaux. — On dose la chaux dans les liqueur recueillies pendant le dosage de la silice. La chaux est précipitée par l'oxalate d'ammonium et le précipité lavé et séché et calciné est pesé. C'est toujours à l'état de carbonate que l'on doit calculer la chaux dans le précipité calciné, car il est autant dire impossible de transformer complètement le carbonate de chaux pulvérulent, même à de très hautes températures, en oxyde.

Dosage de la magnésie. — On évapore à feu doux, à siccité, les eaux dans lesquelles la chaux a été précipitée ; on reprend le résidu par l'acide chlorhydrique dilué dans lequel on précipite la magnésie à l'état de phosphate ammoniaco-magnésien ; nous croyons, et un grand nombre de chimistes partagent notre manière de voir, que le moyen le plus sûr de doser la magnésie dans ses solutions, c'est de la transformer en phosphate ammoniaco-magnésien.

Dosage du fluor. — Nous avons vu que le gâteau musculaire ne contenait plus ni acide phosphorique ni phosphates ; cependant il retient du fluor à l'état de fluorure de calcium apparemment. Pendant l'incinération du gâteau musculaire il se forme des phosphates de chaux aux dépens du phosphore oxydé et de l'albuminate de chaux calciné ; il se forme également des sulfates aux dépens du soufre oxydé et des bases terreuses retenues par le protoplasme musculaire ; le spath fluor se trouve en combinaison, pour la plus grande partie, dans les

2.

cendres du gâteau musculaire avec les phosphates, les sulfates et les carbonates formés pendant l'incinération. Nous nous débarrassons des phosphates et des carbonates en traitant les cendres par l'eau distillée acidulée avec l'acide acétique ; restent les sulfates et le spath inégalement insolubles que nous reprenons par une solution d'acide chlorhydrique à 50 p. 100 avec laquelle nous épuisons le précipité ; nous ajoutons à la solution filtrée du chlorure de calcium qui produit un précipité que nous séparons par la chaleur ; le précipité recueilli sur un filtre est pesé et le fluor calculé par les opérations ordinaires appliquées au calcul des composants d'un corps dont on connaît le poids moléculaire.

L'analyse minérale du gâteau musculaire terminée, nous analysons les liquides d'expression et de lavage.

Les liquides de lavage et d'expression du gâteau musculaire entraînent les sels sous deux formes différentes : 1° à l'état d'albumino-sels ; 2° à l'état d'albuminates ; les sels neutres dissolvant les albumines et les albumines solubilisant les sels insolubles tels que les phosphates terreux. Nous sommes donc en présence de matières albuminoïdes auxquelles il faut soustraire la matière minérale à basse température. autant que possible, sachant par expérience combien sont grandes les pertes de matières salines lorsqu'on procède par incinération ; nous agirons comme nous avons agi pour l'albumine du gâteau musculaire, c'est-à-dire en dissolvant la matière protéique après avoir pris la précaution de ramener au volume primitif les eaux de lavage et d'expression en leur ajoutant une quantité suffisante d'eau distillée.

Je vous ai dit que les eaux de lavage et d'expression étaient filtrées, que le filtre était largement lavé ; après lavage le filtre est séché et incinéré avec précaution ; la somme des éléments minéraux qu'il fournit est ajoutée à la somme des éléments minéraux contenus dans le gâteau musculaire et dans les liquides de lavage et d'expression.

Dosage du chlore. — On prend 100 centimètres cubes des eaux de lavage et d'expression filtrées, on y ajoute *trois gouttes* d'acide sulfurique et 10 centimètres cubes d'une solution de permanganate de potasse à $\frac{1}{200}$; on chauffe jusqu'au premier bouillon ; on retire du feu ; on neutralise la liqueur avec du carbonate de chaux exempt de chlore, on filtre, on lave le filtre, on amène ainsi le liquide filtré à un volume connu et l'on dose volumétriquement le chlore à l'aide d'une solution titrée d'azotate d'argent : c'est le procédé Denigès.

Ce procédé de dosage du chlore n'est certainement pas à l'abri de tout reproche ; l'acide sulfurique peut décomposer les chlorures et le chlore peut s'évaporer en partie par l'ébullition ; mais si l'on tient compte que l'acide sulfurique attaque d'abord les sels terreux, qu'en outre il agit sur la matière organique, l'on est bien obligé de convenir que les pertes que l'on peut éprouver en chlore sont encore moins grandes que les pertes éprouvées par tout autre procédé d'analyse.

Dosage de l'acide phosphorique. — Prendre 50 centimètres cubes des eaux de lavage et d'expression filtrées, ajouter 5 grammes d'acétate de soude pur avec un léger excès d'acide acétique, chauffer à l'ébullition, filtrer, ramener par lavage du filtre au volume primitif ; doser l'acide phosphorique directement dans la liqueur filtrée à l'aide d'une solution titrée d'azotate d'urane.

Dosage de l'acide sulfurique. — Prenez 500 centimètres cubes des eaux de lavage et d'expression filtrées ; ajoutez 10 grammes de carbonate de soude exempt de sulfate ; lorsque le carbonate de soude est dissous, ajoutez goutte à goutte de l'acide chlorhydrique jusqu'à l'acidité, portez sur le feu, chauffez doucement, réduisez le volume, en agitant constamment, à 50 centimètres cubes ; filtrez, lavez le filtre ; dans le liquide filtré ajoutez un léger excès de chlorure de baryum, 2 à 3 grammes, puis continuez l'opération comme on la pratique ordinairement pour le dosage de l'acide sulfurique.

Dosage de la chaux. — Nous prenons 300 centimètres cubes des eaux de lavage et d'expression filtrées ; nous y ajoutons un léger excès d'acide azotique ; on réduit le volume sur un feu doux jusqu'à 50 centimètres cubes ; on filtre ; on lave ; dans le liquide filtré on précipite la chaux par une quantité suffisante d'oxalate d'ammonium ; on termine l'opération par les procédés ordinaires en calculant la chaux sortie du moufle, à l'état de carbonate de chaux.

Dosage de la magnésie. — On recueille le liquide dans lequel s'est précipité l'oxalate de chaux et les eaux de lavage qui ont servi à laver le précipité calcique, on ajoute successivement une solution bouillante de chlorure d'ammonium et de phosphate de soude, on agite longtemps et enfin on laisse au repos pendant quarante-huit heures ; on recueille le précipité sur filtre, on lave avec de l'eau ammoniacale, on sèche et on incinère le précipité et le filtre séparément ; on réunit et les cendres du précipité et les cendres du filtre, on pèse et l'on calcule la magnésie sous forme de pyro-phosphate magnésien.

Dosage de la potasse et de la soude. — Les procé-dés pour doser la potasse et la soude sont nom-breux et quelques-uns sont peu sûrs. Nous nous sommes souvent servis pour doser la potasse et la soude du procédé de Schlœsing, qui consiste à attaquer la matière organique par l'acide azotique fumant au bain de sable, jusqu'à ce qu'il ne se dégage plus de vapeurs nitreuses ; on pourrait tout aussi bien attaquer la matière organique par l'acide sulfurique et le mercure comme pour un dosage d'azote ; à ces procédés nous préférons le suivant.

Nous prenons une quantité déterminée des eaux de lavage et d'expression du muscle ; nous les éva-porons à un feu doux, nous carbonisons le résidu avec précaution. Lorsque le résidu est carbonisé, nous ajoutons à la masse une solution de chlorure de baryum, nous agitons, nous laissons en contact pendant quelques heures puis nous filtrons et nous lavons jusqu'à ce qu'il ne passe plus de chlore ; nous ajoutons au liquide filtré de l'ammoniaque goutte à goutte jusqu'à ce qu'il ne se forme plus de précipité ; nous laissons reposer ; nous ajoutons ensuite du carbonate d'ammoniaque jusqu'à ce qu'il ne précipite plus dans le liquide ; nous lais-

sons reposer, nous filtrons et nous lavons jusqu'à
ce que la liqueur n'agisse plus sur une solution
d'azotate d'argent ; nous chassons les sels ammoniacaux en promenant la flamme d'un bec Bunsen
au-dessus de la capsule dans laquelle nous avons
réuni les eaux de lavage et le liquide principal,
pendant que nous évaporons à siccité ; nous reprenons le résidu par l'eau distillée additionnée de
quelques gouttes d'acide chlorhydrique ; nous éva-
porons de nouveau à siccité ; nous pesons le résidu
composé de chlorures de potassium et de sodium,
car dans la succession des opérations précédentes
nous nous sommes débarrassés et des acides et des
bases terreuses et des sels ammoniacaux.

Lorsqu'on a pesé les chlorures doubles de potassium et de sodium, on les triture dans un petit
mortier de porcelaine avec trois fois leur poids
d'acide tartrique pur, en présence d'une petite
quantité d'eau distillée de manière à obtenir en fin
d'opération une sorte de sirop bien homogène ; on
recouvre le mélange sirupeux d'une mince couche
d'eau, on agite pendant quelques instants avec le
pilon, puis on laisse reposer pendant quarante-huit
heures. On reprend et on lave le mélange jeté sur
un filtre avec de l'eau alcoolisée à 6 p. 100 jusqu'à
ce que le liquide filtré ne précipite plus par l'azotate
d'argent, ce qui indique qu'il ne passe plus ni tar-

trate de soude, ni acide tartrique et qu'il ne reste sur le filtre que du bitartrate de potasse ; on sèche le précipité à 100°, on le pèse et on multiplie le poids trouvé par 0,2503, facteur qui donne la potasse ; la soude est dosée par différence.

Dosage du fer et de l'alumine. — Nous avons dosé le fer et l'alumine par les procédés connus de dosage de ces deux éléments, qui sont précipités ensemble d'une solution acide par l'ammoniaque ; le précipité est lavé à l'eau bouillante, séché, calciné et pesé ; le fer est dosé par une solution de permanganate de potasse après réduction par le zinc de la solution chlorhydrique dans laquelle ont été dissous le fer et l'alumine provenant du précipité calciné ; du poids du fer trouvé on déduit le poids de l'alumine. Nous avons aussi dosé le fer et l'alumine séparément en précipitant l'alumine par la potasse. L'alumine chauffée avec de l'azotate de cobalt donne un composé d'un beau bleu ; cette réaction est caractéristique de l'alumine.

Dosage de la silice. — On évapore les eaux de lavage et les sucs, on les carbonise, on les incinère et on dose la silice comme il a été dit plus haut à propos des cendres du gâteau musculaire. La plus grande partie, la presque totalité de la silice est entraînée par les lavages et l'expression.

Dosage du manganèse. — Comme pour la silice on évapore, on incinère, on reprend par le carbonate de soude ou de potasse, on incinère jusqu'à ce que l'on obtienne une masse vitreuse, on reprend par l'eau distillée acidulée avec l'acide azotique, on évapore avec précaution au tiers, on ajoute alors 2 centimètres cubes d'acide azotique pur, et de l'oxyde puce de plomb ; on chauffe jusqu'à ébullition, on réduit de moitié le volume de la liqueur, on laisse reposer pendant quelque temps ; puis on compare la coloration de la préparation à une solution titrée de permanganate de potasse ; un simple calcul donne très approximativement le poids du manganèse cherché.

TROISIÈME LEÇON

Messieurs,

Nous devons distinguer dans le muscle, au point de vue de sa minéralisation, le suc musculaire et le tissu propre du muscle. Ce faisant, nous éclairerons la nutrition du muscle, la nutrition de l'individu auquel appartient le muscle et nous déterminerons les minéraux particuliers au tissu musculaire et aux sucs qui le baignent.

Si nous analysions le muscle tel qu'il est, tel qu'il se présente, il nous serait impossible de discerner quels sont, parmi les éléments minéraux révélés par l'analyse, ceux qui caractérisent le protoplasme musculaire proprement dit.

Vous jugerez, de suite, l'importance de cette division analytique lorsque vous connaîtrez l'unité de composition minérale de tous les protoplasmes, tout comme s'il n'existait qu'un seul protoplasme dont les milieux ont changé seulement les aptitudes, non pas quant à la qualité de la minéralisation, mais quant à la quantité d'une même minéralisation ; lorsque vous saurez qu'il existe chez l'homme et chez les animaux une relation de fonction bio-physique entre la pression osmotique des combinaisons du fer et les combinaisons du chlore de leurs sucs musculaires. Ici, encore, je surprends la *minéralogie biologique* en parfait accord avec d'autres sciences ses aînées et, tout particulièrement, avec un moyen tout nouveau d'investigations physico-chimiques qui promet d'être fécond, avec la *cryoscopie*. Que nous enseigne la cryoscopie ? Elle nous enseigne, non pas que le chlore et le fer sont en rapports constants dans les muscles des animaux et de l'homme, mais elle nous enseigne qu'il doit exister un rapport constant entre la tension osmotique du globule sanguin et du sérum qui le baigne, qu'il doit y avoir isotonie entre le globule sanguin et le sérum ; lorsqu'il en est autrement, il y a plasmolyse, c'est-à-dire épanchement de l'hémoglobine dans le milieu ambiant. De Vries a démontré qu'une solution de chlorure de sodium à 60 centigrammes p. 100 tenait en équilibre la tension osmotique du globule sanguin du bœuf. Or, quelle est la dominante minérale du globule sanguin? Le fer. Quelle est la dominante minérale du sérum, des sucs, des humeurs ? Le chlore halogène.

D'après ce que nous apprend l'expérience des rapports du chlore et du fer chez le bœuf, la minéralogie biologique nous permet de dire que 362 milligrammes de chlore font équilibre, dans les conditions ordinaires de la vie, chez le bœuf, à 19 milligrammes de fer; c'est là une quantité de fer peu élevée et que nous n'avons point rencontrée chez aucun des ruminants que nous avons analysés. Chez le taureau 29 milligrammes de fer font équilibre à 362 miligrammes de chlore; chez la brebis, 51 milligrammes de fer font équilibre à 362 milligrammes de chlore; chez la chèvre 47 milligrammes de fer font équilibre à 362 milligrammes de chlore; chez le cheval 39 milligrammes de fer font équilibre à 362 milligrammes de chlore et chez le mulet 14 milligrammes de fer font équilibre à 362 milligrammes de chlore. Les solipèdes s'éloignent eux aussi considérablement du bœuf dans les rapports des tensions osmotiques des combinaisons chlorées et ferreuses vivantes.

D'une manière générale la quantité de fer nécessaire pour équivalent isotonique à la quantité de chlore halogène 362 milligrammes que nous avons prise comme point de comparaison est plus petite d'une unité chez les femelles que chez les mâles. Qu'est-ce à dire sinon que la qualité de la cellule, le groupement cellulaire varient avec les espèces et avec les individus; et, ne l'oublions pas, toutes les qualités définitives de la cellule dérivent de son aptitude minérale, aptitude minérale innée et acquise. Si, dans le cours d'une existence humaine nous sommes presque impuissants pour modifier l'aptitude minérale innée, il n'en va point de même de l'aptitude minérale acquise que nous pouvons et que nous devons modifier soit que nous désirions améliorer une espèce, soit que nous cherchions à guérir un malade.

Les muscles se distinguent, en général, des autres parties du corps par leur richesse en sels de potassium; chez les animaux, chez l'homme, la potasse l'emporte sur la soude dans les muscles, mais le fait dominant qui différencie les muscles de l'homme et de la femme, des muscles des animaux, c'est le taux élevé de fer que contiennent les muscles humains.

FER DANS 1000 GRAMMES DE MUSCLES FRAIS

Fer métallique.

Homme.	0 gr. 175
Femme	0 — 098
Bœuf	0 — 064
Taureau.	0 — 068
Vache.	0 — 04
Veau	0 — 029
Brebis.	0 — 063

Chèvre . . . . 0 gr. 0679
Cheval . . . . 0 — 0598
Mulet. . . . . 0 — 0374
Ane. . . . . 0 — 0715

Vers la fin du cours de l'année dernière, je vous ai signalé ce fait que la silice était plus abondante chez les blonds que chez les bruns; que la quantité de silice contenue dans les cheveux paraissait en graduer la couleur; ce fait était tellement saillant que je n'ai pas hésité à le placer à la base d'une classification possible de l'humanité. Je constate dans les muscles du taureau une quantité de silice telle qu'on ne saurait la rapporter exclusivement à la couleur du poil; en effet, toutes nos analyses ont été faites sur quatre échantillons de muscles provenant de quatre animaux différents, et la moyenne de la silice des muscles du taureau s'élève au taux énorme de 40 centigrammes p. 1 000 de muscle frais, tandis que la moyenne de la silice des muscles du bœuf, de quatre bœufs, n'atteint que 114 milligrammes, tandis que la silice moyenne de vingt-huit animaux de variétés et d'espèces différentes arrive à peine jusqu'à 127 milligrammes pour 1 kilogramme de muscles frais.

Les muscles de l'homme sont, eux aussi, riches en silice; 1 kilogramme de muscles d'homme contient 25 centigrammes de silice et les muscles de la femme en contiennent 35 p. 100 en moins, soit 17 centigrammes p. 1 000.

Que peut signifier cet excès de silice dans les muscles des mâles, je dis des mâles, car les muscles des taureaux contiennent plus de 72 p. 100 de silice que les muscles des bœufs, plus de 67 p. 100 que les muscles des vaches, et nous venons de le voir, les muscles de l'homme contiennent plus de 35 p. 100 de silice que les muscles de la femme?

La valeur de la silice serait-elle corrélative de la valeur de la minéralisation musculaire? Nullement, car chez l'homme le rapport de la silice à la minéralisation musculaire totale est de 2 p. 100 et de 1,33 p. 100 seulement chez la femme; ce même rapport est de 2,37 p. 100 chez le taureau et de 1 p. 100 chez la vache. Il semble donc que la silice musculaire soit destinée à une fonction toute spéciale. La silice n'aurait-elle pas pour action de chasser une partie de l'acide carbonique résultant de l'activité musculaire plus intense chez les mâles que chez les femelles ou les individus émasculés? En effet, le rapport de la silice musculaire à la minéralisation totale du muscle chez le bœuf est de 0,92 p. 100. Cette hypothèse n'a rien d'invraisemblable si l'on veut bien se rappeler que l'acide silicique est le grand destructeur des carbonates au sein de la terre et qu'une même loi générale régit toutes les actions chimiques, soit qu'elles s'effectuent entre minéraux directement, soit qu'elles s'effectuent au sein de la matière organique, au sein de la matière vivante.

Je vous ai fait remarquer tout à l'heure que l'on rencontrait plus de potasse que de soude dans les muscles des animaux et de l'homme. Les muscles des animaux adultes contiennent, en moyenne, 75 p. 100 de potasse contre 25 p. 100 de soude ; les muscles des jeunes animaux contiennent de 50 à 55 p. 100 de potasse contre 45 à 50 p. 100 de soude. Les muscles de l'homme contiennent 61 p. 100 de potasse contre 39 p. 100 de soude et les muscles de la femme 50 p. 100 de potasse contre 50 p. 100 de soude. La potasse, vous le savez, est la dominante minérale à peu près exclusive des sucs du plus grand nombre des végétaux ; la potasse est également la dominante minérale des sucs musculaires des animaux et de l'homme. Cependant, le suc musculaire de l'homme et principalement de la femme s'éloigne beaucoup sous le rapport de la potasse du suc musculaire des animaux ; les muscles de l'homme sont plus riches en soude que les muscles des animaux ; chez la femme la potasse et la soude se trouvent en quantités presque égales dans les muscles.

Par quelle prérogative les muscles des animaux

contiennent-ils plus de potasse et les muscles de l'homme plus de soude? Pouvons-nous chercher ailleurs que dans leur genre de nourriture l'explication du grand excès de potasse sur la soude dans le suc des muscles des animaux? C'est que les animaux sont beaucoup plus près des végétaux que l'homme sur l'échelle des êtres; il ne leur suffit pas de se nourrir avec des aliments riches de sels potassiques, il leur faut encore une aptitude minérale particulière pour retenir la potasse, et la preuve, c'est qu'ils ne la retiennent pas au même degré aux divers âges de la vie, nous l'avons constaté tout à l'heure. Pour confirmer cette aptitude spéciale des animaux à conserver la potasse, nous pourrions rappeler que certaines plantes terrestres retiennent plus de soude que de potasse, bien que vivant dans un milieu où d'autres plantes puisent et retiennent à peu près exclusivement la potasse ; mais il existe des animaux, certains solipèdes, qui, nourris de la nourriture d'autres variétés de solipèdes leurs voisins, retiennent dans leurs muscles plus de soude que de potasse; tel est le métis du cheval et de l'ânesse, appelé Bardot. Ce sont là aptitudes minérales particulières aux différents protoplasmes.

Quant à l'homme, serait-ce parce qu'il ajoute du sel à ses aliments que l'équilibre se ferait dans le suc de ses muscles entre la potasse et la soude approximativement ? Le milieu humain est sodique ; il est sodique parce que l'homme, parce que la nutrition de l'homme n'a pas besoin de lutter contre des éléments de nutrition aussi résistants que ceux employés par les animaux et surtout par les végétaux. Quand l'homme se nourrit avec des aliments trop riches de potasse, il élimine la potasse en excès et demeure avec ses aptitudes sodiques (Bunge).

La différence de composition des sucs des végétaux, des animaux et de l'homme, autrement dit la différence des milieux intérieurs, selon l'expression de Cl. Bernard, ne modifie point la composition des protoplasmes, ou, pour mieux dire, du protoplasme ; le protoplasme réagit différemment selon la qualité du milieu intérieur qui l'irrite, il réagit différemment en sa qualité de corps chimique, de minéral, selon les qualités des sels, des bases et des acides qui le touchent ou qui l'attaquent. Nous reviendrons sur la nécessité de la présence de la potasse dominante minérale dans les sucs musculaires ; les muscles font une grande consommation de glycogène ; nous verrons que la potasse favorise la formation de l'amidon animal comme elle favorise la formation de l'amidon végétal autochtone.

La chaux forme l'ossature principale de la terre ;
la chaux forme l'ossature de tous les êtres vivants.
Tous les protoplasmes de tous les tissus, tous
les protoplasmes de tous les êtres ont, pour dominante minérale, la chaux ; la magnésie accompagne
la chaux dans la proportion de 53 p. 100 en
moyenne, mais chez les mâles en activité de pro-
création, la magnésie domine la chaux dans le
protoplasme musculaire, exemple : le taureau dont
le protoplasme musculaire contient 2 à 3 p. 100
de magnésie de plus que de chaux. Il y a déjà plusieurs années que j'ai démontré que le magnésium
était le métal, le minéral de la génération.

Le protoplasme musculaire est donc composé,
comme tous les autres protoplasmes, de chaux et
de magnésie. Le protoplasme musculaire est un
albuminate de chaux et de magnésie qui, placé
dans certaines conditions, devient un ferment hydratant puissant ; cet albuminate n'est pas une
exception parmi les protoplasmes puisque tous les
protoplasmes sont des albuminates de chaux et de
magnésie, puisque le *protoplasme* est un albuminate de chaux et de magnésie, c'est-à-dire un ferment hydratant ; retenez bien ceci, le protoplasme
musculaire est un ferment hydratant, le protoplasme universel est un ferment hydratant ; il
semble que la vie ait été préparée dès son origine,

pour la réduction des corps ternaires. Voilà où nous conduit la composition du protoplasme telle que je viens de vous l'exposer, la constitution des ferments telle que nous la concevons et telle que nous vous l'avons expliquée il y a deux ans.

Le protoplasme musculaire est une *diastase ;* le protoplasme universel est une *diastase*. La qualité, l'activité de la diastase protoplasmique varie avec chaque tissu ; elle est en rapport avec le poids moléculaire de la matière protéique et la somme de la matière minérale qui constituent le ferment protoplasmique.

Nous savons que plus le poids moléculaire de l'acide ou du corps faisant fonction d'acide dans la matière fermentescible est élevé, plus celle-ci est vivement attaquée par les ferments ; tel est le cas des substances sur lesquelles agit le protoplasme musculaire ; voilà pourquoi le muscle travaille fort peu pour son compte.

Je ne veux pas aller jusqu'à dire, toutefois, que le protoplasme musculaire soit le seul ferment qui transforme les hydrocarbones en force, mais c'est apparemment par l'action fermentative du protoplasme musculaire que commence la série des mutations de la matière organique qui aboutissent à la force.

Le protoplasme musculaire contient, en moyenne, 14 centigrammes de matière minérale par kilo-

gramme de muscle frais (moyenne de 44 animaux),
soit 0 gr. 0882 de chaux et 0 gr. 0517 de magnésie.
Cette faible minéralisation du protoplasme musculaire est un caractère de plus à ajouter à ses autres
qualités de ferment ; nous avons vu, en effet, à propos des fermentations, que la matière minérale agis-
sait dans les ferments sous un volume fort réduit.

La moyenne de la minéralisation totale des muscles des animaux est de 7 gr. 90 pour 1 kilogramme de muscles frais. Naturellement, cette minéralisation varie d'une espèce à l'autre, d'un
individu à un autre individu, selon l'âge et selon
le sexe. En général, les femelles sont moins miné-
ralisées, à âge égal, que les mâles ; la chèvre atteint
le taux de la minéralisation le plus élevé parmi les
femelles que nous avons analysées, 9 gr. 49 p. 1 000 ;
nous verrons, en interprétant une à une les analyses des animaux de différents sexes que la potasse et la soude fournissent chez les femelles les
principaux éléments de la minéralisation.

La minéralisation des muscles de la femme est
de 6 gr. 7147 par kilogramme de muscles contre
7 gr. 53 par kilogramme de muscles de l'homme :

    Potasse et soude des muscles
      de l'homme . . . . 4 gr. 17 p. 1 000
    Potasse et soude des muscles
      de la femme. . . . . . . 5 — 15 —

Cet état particulier et cet excès de la minéralisation du muscle chez les femelles les rapproche des jeunes animaux, dont les muscles sont également chargés de potasse et de soude :

Potasse et soude des muscles de veau.   7 gr. 24 p. 1 000

Les muscles des femmes ne se rapprochent pas de ce côté seulement des muscles des enfants, non plus que les muscles des femelles des muscles de leurs petits. Pendant que la potasse et la soude augmentent dans les muscles des femelles, la chaux y diminue.

Chaux moyenne des muscles des animaux	0 gr. 39 p. 1 000
Chaux moyenne des muscles de la vache.	0 — 18 —
Chaux moyenne des muscles du veau	0 — 15 —
Chaux moyenne des muscles de l'homme.	0 — 23 —
Chaux moyenne des muscles de la femme	0 — 16 —

C'est parce que le sol de la femme se rapproche encore davantage du sol de l'enfant pendant la grossesse que la femme est frappée par les mêmes éléments pathogènes qui frappent l'enfance. Le milieu de culture devient aussi favorable pour les microbes pathogènes chez la femme que chez l'enfant ; les bases alcalines dominent dans leurs tissus alors que la chaux en est distraite chez l'une comme chez l'autre.

L'enfance, la femme enceinte possèdent également certaines immunités par la constitution de leur sol. L'on peut tirer de cette quasi-identité du sol de la femme et de l'enfant tout un nouveau chapitre de pathologie générale basé sur la minéralogie biologique.

D'une manière générale le protoplasme des muscles des solipèdes contient plus de chaux que le protoplasme des muscles des bovidés et des ovidés ; nous sommes autorisé à en conclure que le protoplasme musculaire des solipèdes est plus actif que le protoplasme musculaire des bovidés et des ovidés.

L'alumine que nous avons dosée dans les muscles de l'homme et de différents animaux apparaît pour la première fois, je crois, dans une analyse des substances animales. On a dit et écrit, à tort, que l'alumine ne se rencontrait jamais dans l'organisme animal contemporain. La présence constante de l'alumine dans les muscles, la place relativement importante qu'elle y occupe, nous font un devoir de rechercher la nature de ses fonctions. Pouvons-nous penser à une combinaison double de l'alumine et de la potasse, à l'alun ? Je ne le

présume pas, malgré la présence de l'acide sulfurique dans le suc musculaire. Comme le fer, l'alumine est plus abondante chez l'homme que chez
les animaux.

Alumine moyenne des muscles
de l'homme . . . . 0 gr. 142 p. 1 000
Alumine moyenne des muscles
des animaux. . . . . 0 — 099   —

Les muscles de l'homme contiennent donc
31 p. 100 d'alumine de plus que les muscles des
animaux.

Il y a certainement une relation de proportion
entre le fer et l'alumine musculaires ; quand le
poids du fer monte ou descend dans la minéralisation des muscles, l'alumine monte ou descend avec
le fer ; ce ne peut être une coïncidence, ce ne peut
être une erreur d'analyse soutenue pendant de
nombreuses expériences ; nous avons eu soin,
d'ailleurs, de doser l'alumine pour elle-même, en
dehors du fer, je veux dire par des procédés qui ne
comportent pas le dosage de l'alumine par différence de poids d'un précipité commun de fer et
d'alumine.

L'alumine se trouve toujours associée au fer
dans la nature : l'*émeri*, l'*alunite*, les *schistes alu-
mineux*, minerais naturels de l'alumine sont plus
ou moins chargés de fer.

L'alumine est isomorphe avec le peroxyde de fer; le peroxyde de fer et l'alumine, l'alumine et le peroxyde de fer peuvent se remplacer mutuellement dans leurs combinaisons salines sans altérer la forme cristalline des sels.

Devons-nous faire état de l'apparente indifférence chimique de l'alumine qui se comporte comme une base en présence des acides puissants et comme un acide en présence de bases énergiques? Est-ce une argile, un silicate que l'alumine des êtres vivants? Nous ne saurions, en tout cas, malgré les relations de l'alumine avec le fer, malgré l'isomorphisme de l'alumine et du peroxyde de fer, nous arrêter à l'idée que l'alumine soit capable de suppléer le fer, car elle ne possède aucune des qualités nécessaires.

L'alumine est capable de condenser une grande quantité d'eau, 15 p. 100 de son poids; la végétation tire un grand profit de cette propriété de l'alumine, car en bien des circonstances l'alumine conserve l'humidité du sol végétal. Pourquoi l'alumine ne jouirait-elle pas des mêmes propriétés dans le sol animal? La quantité d'alumine est minime, sans doute, dans un kilogramme de muscles vivants, mais si nous multiplions le poids de l'alumine musculaire d'un kilogramme de muscles vivants par le poids de la masse musculaire, nous obtenons une quantité d'alumine, dont le poids se rapproche, toutes proportions gardées, de la quantité d'alumine nécessaire pour conserver à certains terrains l'humidité indispensable à la végétation.

> Alumine moyenne dans la masse musculaire de l'homme . . . . 3 gr. 55

L'alumine pourrait être la suprême ressource du muscle en voie de déshydratation grave. L'eau est plus petite dans les muscles de l'homme que dans les muscles des animaux ; l'alumine est de 31 p. 100 plus grande. De tous les animaux que nous avons analysés les muscles du bœuf sont les plus pauvres en eau ; ils contiennent 13 centigrammes d'alumine p. 1 000, tandis que la moyenne de l'alumine des muscles des autres animaux analysés est de 0,0988 p. 1 000.

La quantité de manganèse contenu dans la masse musculaire de l'homme et de la femme se rapproche du poids respectif de leur masse musculaire ; le rapport de la masse musculaire de la femme à la masse musculaire de l'homme oscille entre 58 et 60 p. 100 ; le rapport en poids du manganèse de la masse musculaire de la femme au poids de la masse musculaire de l'homme oscille entre 60 et 65 p. 100.

Les femelles sont plus pauvres de manganèse que les mâles :

Manganèse des muscles de la vache.	0 gr. 0025 p. 1 000
Manganèse des muscles du taureau	0 — 0043 —
Manganèse des muscles de l'homme	0 — 0093 —
Manganèse des muscles de la femme	0 — 0061 —

Les muscles de l'espèce humaine contiennent 54 p. 100 de manganèse de plus que les muscles des animaux (bovidés, ovidés, solipèdes, etc.).

Nous savons, grâce aux travaux de G. Bertrand, que le manganèse est le principe actif des ferments oxydants, des *oxydases*, fort répandues dans l'organisme animal (Carnot). Il existe un rapport entre le poids du manganèse musculaire et l'azote-urée. En effet, le cheval, dont les muscles contiennent 0 gr. 00384 de manganèse par kilogramme de muscle vivant, produit, en vingt-quatre heures, 12 centigrammes d'azote urée par kilogramme de muscle vivant, tandis que l'homme dont les muscles contiennent 0 gr. 0093 de manganèse par kilogramme de muscle vivant produit, en vingt-quatre heures, 41 centigrammes d'azote-urée; la quantité d'azote-urée produit par les muscles de l'homme est de 70 p. 100 plus grande que la quantité d'azote-urée produite par les muscles du cheval.

Les rapports d'activité de l'oxydation ne sont pas absolument identiques aux rapports du poids du manganèse musculaire de l'homme et du cheval, mais l'expérience nous a démontré, en étudiant les ferments, que le produit de leur activité était sous la dépendance de la qualité de la matière fermentescible : il n'y a donc rien d'étonnant que les oxydations ne répondent pas terme pour terme au même agent d'oxydation dans des milieux différents, dans le milieu musculaire du cheval et de l'homme.

La baryte fait partie de la minéralisation des muscles de l'homme et des animaux ; elle accompagne l'inosite, sucre isomère du glucose. Nous savons que la baryte dédouble la sinigrine ou myronate de potassium en glucose et essence de moutarde ou en glucose sans essence de moutarde ; qu'elle se combine au glucose pour former un glucosate de baryte. La baryte accompagnant l'inosite partout où elle se rencontre, nous pouvons penser, pour cette raison et d'autres encore, qui viendront à leur heure, que l'inosite est le résultat d'une hydratation d'un corps sulfo-conjugué d'origine albuminoïde et l'inosate de baryte l'un des résidus de cette hydratation par fermentation : la baryte est un ferment hydratant.

QUATRIÈME LEÇON

MINÉRALISATION DES MUSCLES DE L'HOMME

Messieurs,

La minéralisation totale d'un kilogramme de muscles vivants de l'homme est de 7 gr. 5318487 ; cette minéralisation se répartit de la manière suivante :

1° Minéralisation du suc musculaire :

Acide phosphorique.	0 gr. 74	p. 1 000
— sulfurique . .	0 — 32	—
Chlore.	1 — 00	—
Chaux.	0 — 226	—
Magnésie	0 — 362	—
Potasse	3 — 00	—
Soude	1 — 17	—
Fer métallique . . .	0 — 175	—
Alumine	0 — 133	—
Manganèse.	0 — 0093	—
Fluor	0 — 00048	—
Silice	0 — 259	—

2° Minéralisation du tissu musculaire :

Acide phosphorique.	0 gr. 00	p. 1 000
— sulfurique . .	0 — 00	—

Chlore.	0 gr. 00	p. 1 000
Chaux.	0 — 083	—
Magnésie.	0 — 054	—
Potasse	0 — 00	—
Soude.	0 — 00	—
Fer métallique. . .	0 — 00	—
Alumine	0 — 00	—
Manganèse.	0 — 00	—
Fluor	0 — 0000687	—
Silice	0 — 00	—

*Rapport des éléments minéraux du suc musculaire
entre eux.*

Rapport de l'acide sulfurique à l'acide phosphorique.	43,24 p. 100
Rapport de l'acide phosphorique au chlore.	74,00 —
Rapport de la chaux à la magnésie	62,43 —
Rapport de la soude à la potasse.	39,00 —
— de l'alumine au fer. . .	76,00 —
— du manganèse au fer. .	5,31 —
— du fluor au chlore. . .	0,048 —
— de l'alumine à la silice.	51,35 —
— du fer au chlore. . . .	17,50 —
— de la chaux à la potasse.	7,53 —
— — à la soude .	19,31 —
— de la magnésie à la potasse.	12,00 —
— de la magnésie à la soude	30,94 —
— du fluor au calcium de la chaux	00,298 —
— de la silice à la potasse.	8,63 —
— de la silice à la soude. .	23,84 —

*Rapport des éléments minéraux du suc musculaire avec la
minéralisation totale du muscle de l'homme.*

Rapport de l'acide phosphorique.	9,82	p. 100	
— de l'acide sulfurique . .	4,25	—	
— du chlore	13,28	—	
— de la chaux	3,13	—	
— de la magnésie.	4,80	—	
— de la potasse	39,83	—	
— de la soude	15,53	—	
— du fer métallique . . .	2,32	—	
— de l'alumine.	1,74	—	
— du manganèse. . . .	0,123	—	
— du fluor.	0,00637	—	
— de la silice.	3,43	—	

*Rapport des éléments minéraux du tissu musculaire
entre eux.*

Rapport de la magnésie à la chaux.	65	p. 100	
— du fluor au calcium de la chaux.	0,116	—	

Nous ne pouvons faire que conjectures sur les
combinaisons des éléments minéraux dans le suc
musculaire ; nous ne saurions même nous arrêter à
une combinaison quelconque, car les combinaisons
des bases et des acides sont continuelles ; les bases
et les acides sont en permanents échanges ; s'il en
était autrement, la vie ne serait pas la vie et la nutrition, principal moyen de la vie, n'existerait pas.

Nous sommes moins embarrassés en ce qui concerne le protoplasme musculaire qui est un albuminate à tous le moments de la vie, albuminate changeant, sans doute, mais pour la formation duquel la matière protéique faisant fonction d'acide s'unit toujours aux mêmes bases : la chaux et la magnésie ; la forme du protoplasme est mobile, mais la composition du protoplasme est permanente.

Nous n'avons pas tenu compte de l'acide carbonique dans la minéralisation du muscle, bien que l'on rencontre des carbonates dans la constitution minérale du muscle, parce que l'acide carbonique des carbonates est un des produits de la vie et n'appartient point, pour cette raison, à la minéralisation du muscle, il est l'un des résultats de l'activité minérale dans la vie.

Pour un homme du poids de 68 kilogrammes l'on évalue à environ 25 kilogrammes le poids de sa masse musculaire ; la minéralisation totale de la masse musculaire de l'homme serait donc de 188 gr. 25.

Les muscles de l'homme contiennent 70 p. 100 d'eau ; la matière minérale d'un kilogramme de muscle de l'homme serait dissoute ; je dis dissoute, car il n'en existe pas sous un autre état dans les muscles, dans le suc musculaire des muscles, la matière minérale d'un kilogramme de muscles de l'homme serait dissoute dans 700 grammes d'eau et la matière minérale totale de la masse musculaire dans 700×25, soit 17 kg. 500, 17 500 centimètres cubes d'eau. Chaque gramme de matière minérale se trouve dissous dans 93 centimètres cubes d'eau, exactement dans 92 c^3 97. Les solutions salines du suc musculaire me paraissent se trouver ainsi dans des conditions de diffusion très favorable à l'hydrolyse, c'est-à-dire aux transformations, aux réductions organiques, aux phénomènes de fermentation, car je vous l'ai dit déjà et je me plais à vous le répéter, la vie est une succession de fermentations, soit de réactions chimiques.

En ce qui touche le protoplasme musculaire, ferment hydratant, l'eau qui baigne sa minéralisation favorise considérablement son action. En effet, si chaque gramme de matière minérale du suc musculaire est dissous par 93 centimètres cubes d'eau, la matière minérale du protoplasme, qui est de 14 centigrammes en moyenne, par kilogramme de muscle, se trouve baignée par 700 centimètres cubes d'eau, soit 50 centimètres cubes par centigramme ; si nous comparons le volume de l'eau dans lequel est dissous un gramme de matière minérale du suc musculaire, volume d'eau qui baignerait 1 gramme de matière minérale protoplasmique, nous consta-

4

tons que ce volume serait de 5000 centimètres cubes soit de 98 p. 100 plus élevé. L'énorme quantité d'eau dont peut disposer le protoplasme musculaire nous donne une idée de son activité.

Si vous examinez avec quelque attention le tableau des éléments minéralisateurs du suc musculaire, vous vous convaincrez que les acides et le chlore halogène sont insuffisants pour neutraliser les bases ; il reste un excès considérable de bases qui semblent libres par défaut d'acide auxquels elles pourraient se combiner ; il ne faut pas croire que les bases restent indifférentes dans le milieu musculaire.

Nous devons faire deux parts de ces bases non combinées en apparence : une part existe dans le milieu musculaire, combinée aux acides organiques résultant de l'activité musculaire et dont nous rechercherons plus tard l'origine, combinée à l'acide carbonique ; une part existe combinée à la matière protéique directement. Le milieu musculaire est acide et cette acidité attribuée par les auteurs tantôt à l'acide sarco-lactique, tantôt aux phosphates acides, ne présente pour nous, en ce moment, d'autre intérêt que de nous démontrer la qualité acide des sels du suc musculaire, que les sels du milieu musculaire sont des bi-sels. Il paraît difficile de concilier l'état acide du milieu musculaire et la combinaison des bases alcalines ou terreuses avec la matière protéique, mais la matière protéique joue le rôle d'un acide bivalent dans ses diverses combinaisons ; elle est en outre, à cause de cette qualité précisément, un dissolvant de certains sels, des phosphates bi-calciques, par exemple ; elle est aussi dissoute par les sels neutres, par les bases alcalines. De sorte que le milieu musculaire est acide par le fait de la présence de sels acides au repos et par la présence d'acides organiques aussitôt brûlés ou combinés qui viennent ajouter leur acidité à celle des sels acides pendant le travail musculaire. C'est ici précisément où les bases, combinées à la matière protéique, présentent toute leur utilité ; les albuminates alcalins sont facilement décomposés par les acides même faibles et les sels neutres qui résultent de la combinaison des bases des albuminates redissolvent la matière protéique qu'ils préparent ainsi pour l'oxydation ; c'est toujours une fermentation.

Je m'aperçois que j'entre dans un sujet que je n'ai point l'intention de scruter encore et je reviens à la minéralisation des muscles de l'homme.

Le suc musculaire de l'homme contient 63 p. 100 de chaux et 35 p. 100 de magnésie de plus que le tissu musculaire proprement dit.

Le fluorure de calcium se rencontre dans le tissu

musculaire de l'homme en quantité fort minime, mais qui n'est point hors de proportion avec le poids de ce corps, dosé dans quelques substances animales par différents auteurs.

Fluorure de calcium . . . . . 0 gr. 00014

La plus grande partie du fluorure de calcium est entraînée par les lavages et l'expression des muscles. En effet, le fluorure de calcium du suc musculaire de l'homme s'élève à 0 gr. 00098 par kilogramme de muscles ; en ajoutant à ce nombre 0 gr. 00014 qui représente le fluorure de calcium d'un kilogramme de protoplasme musculaire, nous obtenons pour ce fluorure de calcium d'un kilogramme de muscles :

Fluorure de calcium . . . . . 0 gr. 00112

qui multiplié par 25 kilogrammes, poids que nous avons déjà pris comme représentant la masse musculaire de l'homme, nous donne :

Fluorure de calcium . . . . . 0 gr. 028

Les muscles d'un homme du poids de 68 kilogrammes contiendraient donc 28 milligrammes de fluorure de calcium. Tout ce que nous savons de l'action physiologique du fluor est hypothétique ; l'étude physiologique du fluor est à faire. Ceux qui

voudraient poursuivre l'étude physiologique du
fluor devraient, je crois, partir de ce fait d'observation que la moyenne du fluor des liquides et des
tissus de l'économie, en dehors du tissu osseux
qui est une réserve de fluor comme il est une
réserve de chaux, que le poids moyen du fluor est,
dans les liquides et les tissus vivants, de 0 gr. 000666
p. 1000, d'après nos analyses.

L'extrait sec de la chair musculaire de l'homme
est de 30 gr. 20 p. 100; la quantité d'eau du muscle
est de 69 gr. 8 p. 100. L'extrait sec contient :

Acide phosphorique combiné.	0 gr. 245	p. 100
— sulfurique	0 — 106	—
Chlore.	0 — 364	—
Chaux.	0 — 081	—
Magnésie.	0 — 123	—
Potasse	1 — 000	—
Soude	0 — 389	—
Fer métallique	0 — 058	—
Alumine	0 — 045	—
Manganèse.	0 — 00308	—
Fluor	0 — 000159	—
Silice	0 — 085	—

La matière minérale de l'extrait sec musculaire de
l'homme nous donne un total de 2 gr. 499 p. 100 qui,
soustrait de 30 gr. 20, laisse pour la matière organique un total de 27 gr. 70 p. 100. Le rapport de
la matière minérale de la chair musculaire à la

matière organique privée d'eau du muscle est de 9 p. 100.

Rapports individuels des éléments minéraux de la chair musculaire de l'homme à la matière organique.

Rapport de l'acide phosphorique.	0,884	p. 100
— — sulfurique . .	0,383	—
— du chlore	1,31	—
— de la chaux	0,292	—
— de la magnésie.	0,444	—
— de la potasse.	3,60	—
— de la soude	1,405	—
— du fer métallique. . . .	0,2095	—
— de l'alumine.	0,162	—
— du manganèse.	0,011	—
— du fluor.	0,0006	—
— de la silice	0,308	—

Deux des rapports de la matière minérale à la matière organique atteignent seulement l'unité ; quelques-uns sont très faibles, tel le rapport du manganèse et du fluor à la matière organique musculaire.

Le muscle strié humain vivant se compose de :

Matière organique.	292 gr. 46 p. 1 000
— minérale	7 — 54 —
eau	700 — 00 —

pour un kilogramme de muscle

L'azote de la matière organique s'élève au faible nombre de 2 gr. 67 p. 100, soit 26 gr. 70 p. 1 000.

Le rapport de l'azote à la matière organique est de 9 gr. 12 p. 100.

De toutes les substances organiques qui entrent dans la constitution du muscle de l'homme, une seule nous arrêtera un instant à cause de la qualité de la matière minérale avec laquelle elle paraît combinée dans le muscle; je veux parler de l'inosite. L'inosite est un sucre cristallisable, isomérique du glucose. C'est du grec ἴς, ἰνός, muscle, que lui vient son nom; l'inosite se rencontre dans le tissu musculaire et dans le tissu musculaire du cœur principalement; les asperges, les pois verts, les lentilles vertes, les haricots verts contiennent aussi de l'inosite; les haricots verts en contiendraient, d'après Vohl, 0,75 p. 100; mais là ne serait pas l'intérêt, pour nous, de la présence de l'inosite dans les muscles et autres tissus si la baryte ne paraissait pas accompagner assidûment l'inosite; les tissus, les végétaux dans lesquels se rencontre l'inosite contiennent de la *baryte*.

Les muscles de l'homme contiennent 0 gr. 0139 de baryte p. 100; quel est le rôle de la baryte, poison réputé des êtres vivants?

Le baryum a été employé en thérapeutique sous la forme de chlorure de baryum contre les strumes et le cancer à la dose de 1 à 20 centigrammes. L'efficacité du chlorure de baryum était douteuse ou nulle contre la scrofule et le cancer, car ce médicament me paraît aujourd'hui complètement abandonné ; je ne sais pas si c'est un bien ou un mal. Le fait certain, indéniable, c'est que le baryum entre dans la constitution minérale des muscles des animaux et de l'homme et qu'il accompagne, à ce qu'il nous a semblé, progressivement en poids, le poids de l'inosite.

Pour extraire la baryte des tissus des végétaux ou des animaux et des tissus humains, on procède de la manière suivante : on carbonise la matière organique, on épuise le charbon par l'acide chlorhydrique à 50 p. 100 ; on évapore à consistance sirupeuse, on ajoute deux ou trois gouttes d'acide sulfurique ; on laisse précipiter, on incinère le charbon lavé ; on épuise les cendres par l'acide chlorhydrique à 50 p. 100 ; on recueille la matière qui reste sur le filtre ; on évapore la liqueur acide jusqu'à consistance sirupeuse ; on ajoute deux gouttes d'acide sulfurique ; on laisse précipiter ; on recueille le premier précipité provenant du lavage du charbon et le dernier précipité provenant de l'épuisement des cendres, on les ajoute à la matière restée sur le filtre après épuisement des cendres ; on incinère le tout avec un carbonate alcalin ; on

reprend par l'eau distillée, on filtre, on lave le
résidu qui reste sur le filtre avec l'eau acidulée
avec l'acide sulfurique ; on lave ensuite le filtre, on
sèche le résidu et on le pèse ; on a le poids de la
baryte en multipliant le poids du résidu sec par
0 gr. 65673.

Pendant les opérations de la carbonisation et de
l'incinération, la baryte se transforme en carbonate
et en sulfate de baryte. En traitant le charbon
organique par l'acide chlorhydrique on décompose
le carbonate ; il se forme du chlorure de baryum
soluble, tandis que l'acide chlorhydrique dilué
n'attaque pas le sulfate ; c'est le chlorure de
baryum que l'on précipite à l'état de sulfate dans
les eaux de lavage du charbon et des cendres ; les
carbonates alcalins enlèvent la silice et l'acide sulfurique, les corps autres que la baryte à l'état de
bisulfates. Pour obtenir la baryte des muscles ou
des tissus verts des végétaux, il faut carboniser une
grande quantité de substance ; 2 kilogrammes de
haricots verts, 2 à 3 kilogrammes de muscles frais,
au moins.

Les plantes vertes sont plus riches en inosite
que les plantes sèches, je veux dire arrivées à maturité ; l'inosite est plus abondante chez les jeunes
animaux que chez les animaux adultes ou à l'état
de vieillesse ; les plantes vertes contiennent plus

de baryte que les plantes arrivées à maturité ; les jeunes animaux contiennent plus de baryte que les animaux adultes et les adultes comportent plus de baryte que les animaux en état de vieillesse ; mais la persistance de la baryte dans les muscles des animaux de même que la persistance de l'inosite me laissent supposer que la baryte est nécessaire à la fonction physiologique du muscle.

Vous vous rappelez, sans doute, que la baryte exerce une action toute particulière sur certaines matières fermentescibles, notamment sur le myronate de potassium, substance fermentescible de la moutarde noire sur laquelle la myrosine exerce son action ; que, par suite des transformations que la baryte fait subir par son action directe au myronate de potassium, il se forme du glucose et des glucosates qui sont des résidus de la fermentation toute spéciale produite par la baryte sur le myronate de potassium ; il me semble que, sans trop forcer la comparaison, je puis considérer l'inosite et la baryte, l'inosate de baryte comme l'une des conséquences de la fermentation d'un corps fermentescible, sulfo-conjugué, d'origine albuminoïde, sur lequel la baryte agirait en le dédoublant ; l'inosite et l'inosate de baryte seraient, eux, des termes de cette fermentation.

Le baryum pourrait être ainsi un agent de fermentation indispensable à la fonction musculaire et présiderait, comme tant d'autres métaux, à la fermentation propre d'une substance déterminée ; l'action fermentativé du baryum s'exercerait non seulement dans le muscle, mais encore dans tous les organes où se rencontre l'inosite.

Le baryum n'est pas plus vénéneux que l'arsenic ; nous savons que certaines mucédinées vivent de l'arsenic, que certains végétaux vivent du cuivre, qu'enfin on peut faire indirectement l'analyse d'un sol déterminé en l'ensemençant de plantes dont les aptitudes minérales sont connues, ce qui revient à dire ce que je ne cesse de vous répéter : chaque élément cellulaire est représenté par une minéralisation lui appartenant en propre ; chaque fermentation est le résultat d'une minéralisation propre. La baryte est un ferment hydratant dont les produits de fermentation sont en rapport avec ses qualités intrinsèques.

CINQUIÈME LEÇON

MINÉRALISATION DES MUSCLES DE LA FEMME

Messieurs,

Les muscles de la femme se composent de :

Matière organique. . . . . 337 gr. 8853 p. 1 000
—   minérale . . . . . 6 — 7147 —
Eau . . . . 655 — 40 —

pour un kilogramme de muscles frais.

La matière minérale des muscles de la femme se répartit de la manière suivante :

Suc musculaire.

Acide phosphorique.	0 gr. 719	p. 1 000
— sulfurique . .	0 — 298	—
Chlore	0 — 73	—
Chaux	0 — 113	—
Magnésie.	0 — 23	—
Potasse	3 — 42	—
Soude	1 — 73	—
Fer métallique . . .	0 — 098	—
Alumine	0 — 125	—
Manganèse.	0 — 0061	—
Fluor	0 — 000333	—
Silice	0 — 1508	—

Tissu musculaire.

Acide phosphorique .	0 gr. 00	p. 1000
— sulfurique. . .	0 — 00	—
Chlore	0 — 00	—
Chaux	0 — 052	—
Magnésie	0 — 041	—
Potasse.	0 — 00	—
Soude	0 — 00	—
Fer métallique. . . .	0 — 00	—
Alumine	0 — 00	—
Manganèse	0 — 00	—
Fluor.	0 — 00	—
Silice.	0 — 00	—
Baryte	0 — 00	—

Rapport des éléments minéraux du suc musculaire
entre eux.

Rapport de l'acide sulfurique à l'acide phosphorique	40,74	p. 100
Rapport de l'acide phosphorique.	90,12	—
— de la chaux à la magnésie	49,13	—
— de la soude à la potasse.	50,58	—
— du fer à l'alumine. . .	78,40	—
— du manganèse au fer .	6,33	—
— du fluor au chlore. . .	0,0455	—
— de l'alumine à la silice.	82,89	—
— du fer au chlore. . . .	12,00	—
— de la chaux à la potasse.	3,30	—
— — à la soude .	6,53	—
— de la magnésie à la potasse	6,72	—

Rapport de la magnésie à la
soude. 13,29   p. 100
— du fluor au calcium de
la chaux 0,412   —
— de la silice à la potasse. 4,40   —
— — à la soude . 8,71   —

*Rapport des éléments minéraux du suc musculaire de la
minéralisation totale des muscles de la femme.*

Rapport de l'acide phosphori-
que. . . . . 10.345   p. 100
Rapport de l'acide sulfurique . 4.215   —
— du chlore 9,320   —
— de la chaux 1,446   —
— de la magnésie. . . . 29,36   —
— de la potasse . . . . 43.68   —
— de la soude 22,000   —
— du fer. 1,255   —
— de l'alumine. 1,600   —
— du manganèse. . . . 0,078   —
— du fluor. 0,00424   —
— de la silice 1,98   —

Rapport des éléments du tissu musculaire entre eux.

Rapport de la magnésie à la chaux.   78,84 p. 100

L'extrait sec de la chair musculaire de la femme
pèse 34 gr. 46, ou bien 344 gr. 60, selon qu'on le
rapporte à 100 ou à 1 000 grammes de viande
fraîche.

L'extrait sec contient :

Acide phosphorique. .	0 gr.	2349
— sulfurique . . .	0 —	0957
Chlore.	0 —	212
Chaux	0 —	048
Magnésie.	0 —	107
Potasse	0 —	994
Soude	0 —	504
Fer	0 —	02842
Alumine	0 —	043
Manganèse	0 —	001769
Fluor . . . . . . ;	0 —	00009657
Silice	0 —	05

La minéralisation totale de l'extrait sec musculaire de la femme s'élève à la somme de 2 gr. 31888, p. 100 somme qui nous laisse un total de matière organique de 337 gr. 8853 p. 1 000.

Le rapport de la matière minérale de l'extrait sec des muscles de la femme à la matière organique est de 68 p. 100.

Rapports individuels des éléments minéraux de la chair musculaire de la femme à la matière organique.

Rapport de l'acide phosphorique	0,22	p. 100
Rapport de l'acide sulfurique. .	0,088	—
— du chlore	0,216	—
— de la chaux	0,046	—
— de la magnésie	0,08	—

Rapport de la potasse.   1,00   p. 100
   —   de la soude.   0,51   —
   —   du fer   0,029   —
   —   de l'alumine   0,037   —
   —   du manganèse   0,0018   —
   —   du fluor   0,00087   —
   —   de la silice.   0,044   —

L'azote des muscles de la femme est un peu au-dessus de l'azote musculaire de l'homme. Les muscles de la femme contiennent 2 gr. 69 p. 100 d'azote, soit 26 gr. 90 pour 1 kilogramme de muscles.

Si nous considérons la quantité d'eau que contiennent les muscles de la femme, l'azote des muscles de la femme, la nature de la minéralisation des muscles de la femme, nous jugerons de suite que la femme n'est point faite pour l'action. En effet, la quantité d'eau relativement minime des muscles, la minéralisation des muscles plus riches de potasse et de soude que ceux de l'homme, la quantité considérable de matière organique qu'ils portent, font de la femme, des muscles de la femme, relativement, des organes de réserves appropriés aux fonctions qui lui sont dévolues par la nature, beaucoup plus que des organes d'action.

Le rapport de l'azote à la matière organique des muscles de la femme est de 7 gr. 96 p. 100.

Il sera très instructif pour nous de comparer les éléments divers qui constituent les muscles de la femme et de l'homme en leurs rapports.

Comparaison des rapports des éléments minéraux du suc musculaire de l'homme et de la femme.

Rapport p. 100.	Homme.	Femme.
De l'acide sulfurique à l'acide phosphorique.	43,24	40,74
De l'acide phosphorique au chlore.	74	
Du chlore à l'acide phosphorique.		90,12
De la chaux à la magnésie.	62,43	49,13
De la soude à la potasse.	39	50,58
Du fer à l'alumine		78,40
De l'alumine au fer	76	
Du manganèse au fer	5,31	6,33
Du fluor au chlore	0,048	0,0456
De l'alumine à la silice	51,35	82,89
Du fer au chlore	17,50	12
De la chaux à la potasse	7,53	3,30
— à la soude	19,31	6,53
De la magnésie à la potasse	12	6,72
— à la soude.	30,94	13,29
Du fluor au calcium de la chaux.	0,298	0,412
De la silice à la potasse	8,63	4,40
— à la soude.	23,84	8,71

Comparaison des rapports des éléments minéraux du tissu musculaire de l'homme et de la femme.

Rapport p. 100.	Homme.	Femme.
De la magnésie à la chaux.	65	78,84
Du fluor au calcium de la chaux.	0,46	00,00

Cependant que les muscles de l'homme contiennent 43,24 p. 100 d'acide sulfurique contre 56,76 p. 100 d'acide phosphorique, les muscles de la femme contiennent 40,74 p. 100 d'acide sulfurique contre 59,26 p. 100 d'acide phosphorique.

Pour le rapport de l'acide phosphorique au chlore les termes sont intervertis de l'homme à la femme. Chez l'homme l'acide phosphorique est plus petit que le chlore ; chez la femme, au contraire, le chlore est plus petit que l'acide phosphorique. Cela s'explique si l'on considère la dépense d'acide phosphorique que la femme est, sans cesse, appelée à faire pour la propagation de l'espèce.

Chez l'homme le rapport de la chaux à la magnésie est de 62,43 p. 100 ; il est de 49,13 chez la femme. Les muscles de la femme contiennent 13 p. 100 de magnésie de plus que les muscles de l'homme. La puissance musculaire et la puissance génésique procèdent, en apparence, d'éléments minéraux différents chez l'homme et chez la femme ; il n'en est rien, comme nous le verrons plus tard ; les réserves de la chaux et de la magnésie sont différemment distribuées chez l'homme et chez la femme ; c'est du côté du bassin que la femme fait ses réserves de chaux ; c'est du côté des organes innervés par le segment inférieur de la moelle que l'homme fait ses réserves de magnésie. En outre, la chaux qui sert les phénomènes d'hydratation doit être plus abondante chez l'homme dont l'activité musculaire est plus active que chez la femme.

L'homme possède 39 p. 100 de soude dans ses muscles tandis que la femme en détient 50,58 p. 100. Il semblerait qu'il y eut ici une flagrante contradiction entre la minéralisation des muscles de la femme plus riches en corps ternaires, non azotés tout au moins, et leur manque relatif de potasse dont le rôle est destiné à la transformation de l'amidon animal ou de ses produits d'hydratation, mais nous savons que le sulfate de potasse gêne, empêche la régression des corps ternaires hydratés et que le phosphate de potasse, au contraire, la favorise ; or, l'acide sulfurique est plus petit que l'acide phosphorique chez la femme que chez l'homme ; la femme peut donc tranquillement, sans grands efforts, par les seules forces de la vie végétative, transformer les corps ternaires musculaires alors que l'homme arrivera au même résultat par la production de force ; puis, nous le verrons, les corps ternaires ne sont point les mêmes chez l'homme que chez la femme ; la graisse, en général, entre pour une large part dans la somme des corps ternaires chez la femme, ce qui, par parenthèse, concorde avec la moindre quantité d'eau de ses muscles ; plus un être vivant est gras, moins il contient d'eau.

Pour le fer et l'alumine comme pour le chlore et l'acide phosphorique les rapports sont intervertis chez l'homme et chez la femme. Les muscles de la femme contiennent 78,40 de fer contre 21,60 d'alumine; les muscles de l'homme contiennent 76 d'alumine contre 24 de fer. Ne voyez-vous pas, dans ce simple fait, une confirmation de l'hypothèse que je vous soumettais à l'occasion de l'action de l'alumine, à savoir que l'alumine aiderait le muscle à retenir son eau.

Les muscles de la femme renferment 1 p. 100 de manganèse de plus que les muscles de l'homme, mais par contre les muscles de l'homme renferment presque deux fois plus de fer que les muscles de la femme.

Les rapports du fluor au chlore sont presque égaux chez la femme et chez l'homme.

Le rapport de l'alumine à la silice s'éloigne considérablement chez la femme du rapport de l'alumine à la silice chez l'homme ; ce rapport est de 51,35 chez l'homme et de 82,89 chez la femme. Je vous ai fait constater dans une des leçons précédentes que la silice était plus abondante chez les mâles que chez les femelles et, à ce propos, nous nous sommes demandé si l'acide silicique des muscles n'avait pas pour fonction de décomposer les carbonates résultant de la réduction de la matière organique et de fournir ainsi à l'expiration une partie de l'acide carbonique exhalé à la surface du poumon. Je puis vous dire aujourd'hui que cette hypothèse n'en est plus une, que c'est la réalité. Vous connaissez les intéressants travaux de Albert Robin et Maurice Binet sur le chimisme respiratoire ; dans un travail sur cet ordre de recherches, il sera démontré que la silice est bien un destructeur de carbonates au sein de l'organisme vivant.

Le rapport du chlore au fer est de 17,50 chez l'homme et de 12 seulement chez la femme. La femme, les femelles, en général, se dépouillent constamment de leur fer en faveur des produits de la conception, tous riches de fer ; mais, en dehors de la conception, l'ovulation dépouille périodiquement de fer l'organisme de la femme ; chez la femme comme chez les autres femelles, le fer est abondant dans le vitellus ; le vitellus contient, en moyenne, 85 p. 100 de fer par rapport à l'hémoglobine d'une femelle donnée.

La chaux est à la potasse comme 7,53 est à 100 chez l'homme et comme 3,30 est à 100 chez la femme ; ce qui signifie que la chaux est moins abondante dans les muscles de la femme que dans les muscles de l'homme ou que la potasse est plus abondante dans les muscles de la femme que dans les muscles de l'homme. La chaux est plus petite dans les muscles de la femme que dans les muscles de l'homme et la potasse est plus grande dans les muscles de la femme que dans les muscles de l'homme. Peut-on rêver dans l'état de notre civilisation deux êtres plus comparables que l'homme et la femme ; ces deux êtres apparaissent aux esprits superficiels tellement comparables que, à leur suite, il s'est fondé une école contemporaine déclarant l'homme et la femme en tous points égaux. Que ne font-ils de la physiologie analytique ces idéologues dont les théories pseudo-philosophiques perdraient la femme si toutefois la nature pouvait perdre ses droits. Comment penser, comment croire que les rapports de participation à la vie des éléments minéraux, aliments primordiaux de la vie, étant éloignés, fort éloignés parfois les uns des autres, puissent représenter les mêmes aptitudes fonctionnelles des organes quels qu'ils soient, chez l'homme et chez la femme. La minéralisation différencie complètement ces deux organismes, l'homme et la femme.

Le rapport de la chaux à la soude est de 19,31 chez l'homme et de 6,53 chez la femme. Cependant le muscle de l'homme contient plus de chaux que le muscle de la femme, mais par contre le muscle de la femme contient plus de soude que le muscle de l'homme, double cause qui fait baisser d'autant le rapport de la chaux à la soude chez la femme ; je me suis assez expliqué, je crois, dans le cours des précédentes leçons sur les conséquences physiologiques de la prédominance des bases alcalines dans les muscles de la femme.

Le rapport de la magnésie à la potasse est de 12 chez l'homme et de 6,72 chez la femme ; le rapport de la magnésie à la soude est de 30,94 chez l'homme et de 13,29 chez la femme. Comme pour la chaux, les rapports de la magnésie à la potasse et à la soude dans les muscles de la femme sont plus petits que dans les muscles de l'homme, parce que la magnésie est plus grande dans les muscles de l'homme, et que la potasse et la soude sont plus grandes dans les muscles de la femme.

Le fluor comparé au calcium des muscles de l'homme et de la femme paraît plus grand dans les muscles de la femme parce que le calcium y est plus petit que dans les muscles de l'homme ; en réalité, le fluor est un peu plus grand dans les muscles de l'homme que dans les muscles de la femme.

Le rapport de la silice à la potasse est de 8,63 chez l'homme et de 4,40 chez la femme ; le rapport de la silice à la soude est de 23,84 chez l'homme et de 8,71 chez la femme.

La silice est finalement plus grande chez l'homme

parce que l'activité musculaire est plus grande chez l'homme et que la silice sert à débarrasser les muscles de l'excès d'acide carbonique produit par la contraction musculaire en décomposant les carbonates, comme je vous l'ai démontré antérieurement.

En résumé, les traits saillants qui distinguent les muscles de la femme des muscles de l'homme sont les suivants :

Les muscles de la femme contiennent 12,35 p. 100 de matière organique de plus que les muscles de l'homme.

Les muscles de la femme contiennent 6,11 p. 100 d'eau de moins que les muscles de l'homme.

Les muscles de la femme contiennent 46,28 p. 100 et 35 p. 100 de chaux et de magnésie de moins que les muscles de l'homme.

Les muscles de la femme contiennent 12,29 p. 100 et 32,35 p. 100 de potasse et de soude de plus que les muscles de l'homme.

Ainsi, plus de matière organique, plus de potasse et de soude, moins de chaux et de magnésie, tels sont les caractères minéralogiques principaux qui différencient les muscles de la femme des muscles de l'homme.

Indépendamment des caractères distinctifs bien nets que nous fournit la minéralogie biologique

des muscles de la femme et de l'homme, nous
retrouverons dans la suite de ce cours d'autres
caractères minéralogiques qui différencient plus
nettement encore l'organisme de la femme de l'organisme de l'homme. Nous pouvons, dès à présent,
tirer des faits que je viens de vous exposer la con-
clusion philosophique suivante : la femme est la
compagne de l'homme, elle ne saurait être son
égale. Les qualités de la femme adéquates à son
organisme sont aimables et merveilleuses; de
grâce, pour le bien de l'humanité, que l'on ne
cherche pas à faire de la femme ce qu'elle ne peut
devenir, un homme.

SIXIÈME LEÇON

Messieurs,

La minéralisation des végétaux et des animaux se compose, en général, des mêmes éléments. La philosophie trouve dans ce fait d'observation une première satisfaction à son esprit ; il se dégage de cette constitution minérale commune la preuve d'une origine unique de tous les êtres vivants qu'ils appartiennent au règne végétal ou au règne animal ; mais la connaissance du point de départ des êtres en général, ne peut satisfaire la légitime curiosité du savant ; il faut, pour satisfaire sa philosophique curiosité, qu'il arrive à connaître le point d'arrivée des êtres divers qui peuplent le monde, c'est-à-dire qu'il arrive à discerner comment, partis d'un point de commune minéralisation, ils sont arrivés par la suite des âges jusqu'à leur état actuel, représenté par une aptitude minérale propre, représenté par une proportionnalité de minéralisation.

L'analyse minérale des êtres aux différents stades physiologiques de leur existence nous ouvrira largement le chemin qui conduit aux origines de la créature, ensuite à l'évolution diverse des êtres. Ainsi nous analyserons successivement le veau, la vache, le taureau et aussi le bœuf auquel la main sacrilège de l'homme a fait, en assouplissant ses mœurs, une nutrition toute spéciale.

Les muscles du veau se composent de :

Matière organique. . . .	248 gr.	8837
— minérale	9 —	8163
Eau	741 —	30

pour un kilogramme de muscles.

Je vous ferai remarquer de suite le taux élevé de la matière minérale et de l'eau dans le muscle du veau. Ceux d'entre vous qui ont suivi ce cours depuis le commencement n'en seront point surpris, car ils se rappelleront cette loi que nous avons établie : *Plus les tissus, en général, sont actifs, plus ils sont riches en eau : plus les tissus sont riches en eau plus ils sont minéralisés ; plus les tissus végétaux ou animaux sont jeunes, plus ils sont riches en eau, plus ils sont minéralisés ;* il est superflu d'ajouter que l'activité physiologique est bien plus grande chez les jeunes animaux que chez les animaux adultes ou vieux.

La matière minérale des sucs du muscle du veau est composée de :

Acide phosphorique. .	0 gr. 828	p. 1 000
— sulfurique . . .	0 — 43	—
Chlore.	0 — 47	—
Chaux.	0 — 095	—
Magnésie.	0 — 527	—
Potasse	5 — 00	—
Soude.	2 — 24	—
Fer	0 — 029	—
Alumine.	0 — 062	—
Manganèse.	0 — 002	—
Fluor	0 — 00027	—
Silice	0 — 0635	—
Baryte.	0 — 00	—

Tissu musculaire.

Acide phosphorique. .	0 gr. 00	p. 1 000
— sulfurique . . .	0 — 00	—
Chlore.	0 — 00	—
Chaux.	0 — 055	—
Magnésie	0 — 0183	—
Potasse	0 — 00	—
Soude	0 — 00	—
Fer	0 — 00	—
Alumine.	0 — 00	—
Manganèse.	0 — 00	—
Fluor	0 — 00	—
Silice	0 — 00	—

*Rapport des éléments minéraux du suc musculaire
entre eux.*

Rapport de l'acide sulfurique à l'acide phosphorique	51,93	p. 100
Rapport du chlore à l'acide phosphorique	56,76	—
Rapport de la chaux à la magnésie.	18	—
— de la soude à la potasse. .	44,8	—
— du fer à l'alumine	46,77	—
— du manganèse au fer. . .	9	—
— du fluor au chlore	0,057	—
— de l'alumine à la silice . .	97,79	—
— du fer au chlore.	6,17	—
— de la chaux à la potasse .	1,9	—
— — à la soude. .	4,24	—
— de la magnésie à la potasse.	10,54	—
— de la magnésie à la soude.	23,52	—
— du fluor au calcium de la chaux.	0,398	—
— de la silice à la potasse . .	1,27	—
— — à la soude. . .	2,84	—

*Rapport des éléments minéraux du suc musculaire du veau
à la minéralisation totale.*

Rapport de l'acide phosphorique .	8,43	p. 100
— — sulfurique. . .	4,37	—
— du chlore.	4,79	—
— de la chaux	0,967	—
— de la magnésie	5,37	—
— de la potasse.	50,93	—
— de la soude.	22,92	—
— du fer	2,95	—

Rapport de l'alumine. 6,631   p. 100
—   du manganèse 0,0203   —
—   du fluor 0,0027   —
—   de la silice 0,647   —

Rapport des éléments minéraux du tissu musculaire entre eux.

Rapport de la magnésie à la chaux . . . 33,27

Rapports individuels des éléments minéraux de la chair musculaire du veau à la matière organique.

Rapport de l'acide phosphorique. 0,332   p. 100
—   —   sulfurique . . 0,16   —
—   du chlore 0,188   —
—   de la chaux. 0,039   —
—   de la magnésie. 0,212   —
—   de la potasse. 2,009   —
—   de la soude 0,90001   —
—   du fer. 0,0117   —
—   de l'alumine. 0,025   —
—   du manganèse. .   0,0009   —
—   du fluor. 0,000109   —
—   de la silice 0,025   —

On veut reprocher à la minéralogie biologique d'être une science purement spéculative ; erreur grande, dont pourraient se convaincre ceux qui suivraient les applications cliniques que nous avons l'occasion d'en faire chaque jour ; en effet, l'analyse du sol animal nous permet de réhabiliter, à chaque instant, des organismes déchus. Que ferons-nous pour arrêter l'invasion microbienne, c'est le secret de demain ; mais en attendant nous relevons les forces de l'individu affaibli et nous le mettons en état de résister à la propagation des infiniment petits dont le nombre fait la force beaucoup plus que l'activité individuelle ; c'est le sol, c'est le terrain qui fortifie la malveillance microbienne ; les microbes sont mauvaises herbes qui poussent sur un terrain mal cultivé. Les cinquante millièmes d'argent qui empêchent l'aspergillus niger de fructifier ; les infinitésimales proportions de manganèse qui oxydent un poids considérable de matière organique ; les infinitésimales proportions de chaux qui hydratent plusieurs milliers de fois leur poids de substances ternaires, nous permet, certes, de bien augurer de la minéralogie biologique au point de vue microbien, mais le moment n'est pas encore venu de vous entretenir de ces étourdissantes questions, je veux, à l'encontre de Virgile, chanter plus bas, je viens vous parler de la valeur de la chair, des muscles du veau au point de vue nutritif.

Que voyons-nous dans les muscles du veau ? Une quantité dérisoire de chaux, 0 gr. 095 pour 1 kilogramme de muscles ; une quantité de magnésie 82 fois plus grande que la quantité de chaux ;

la potasse dominant de plus de 98 p. 100 la chaux et de plus de 89 p. 100 la magnésie, de plus de 55 gr. p. 100 la soude ; la potasse dominante minérale élevée de beaucoup au-dessus des autres éléments minéraux ; je reviendrai plus loin sur cette aptitude particulière du muscle du veau à retenir la potasse. Les éléments minéraux qui font les bons aliments sont peu abondants chez le veau, et les bases alcalines, dont la potasse principalement et la magnésie, forment les dominantes minérales du milieu musculaire du veau ; voilà pourquoi le veau est laxatif ; je vais vous dire pourquoi le veau est indigeste et point nutritif.

Si la minéralisation des muscles du veau est abondante, mais de mauvaise qualité, la matière organique rachètera peut-être la mauvaise qualité de la matière minérale. Il n'en sera rien, pour cette simple raison que la matière azotée est tributaire de la matière minérale, comme je vous l'ai démontré. Les muscles du veau contiennent 15 gr. 52 d'azote pour 1 000 grammes de viande fraîche, soit 1 gr. 55 p. 100, soit une fois moins que les muscles du bœuf. Que reste-t-il donc dans la matière organique des muscles du veau ? Environ 148 grammes de matières ternaires, de glycogène principalement ; le glycogène est abondant au sein de tous les tissus en voie de formation ;

148 gr. de matières ternaires, si nous admettons, ce qui est vrai, que 15 grammes d'azote représentent 100 grammes d'albuminoïdes. Un kilogramme de muscles de veau ne représente pas la quantité d'azote nécessaire pour la nourriture d'un homme de poids moyen ; l'homme absorbe par kilogramme, par vingt-quatre heures, d'après nos expériences, 0 gr. 2378 d'azote.

La chair musculaire du veau est insuffisante pour la nutrition par la petite quantité d'azote qu'elle contient ; la chair musculaire du veau est mauvaise pour la nutrition par la qualité de sa minéralisation ; voilà des résultats pratiques assurément fournis par la minéralogie biologique, je dis par la minéralogie biologique, car si la chair musculaire du veau est insuffisante comme azote, et j'abandonne volontiers l'azote à la chimie organique, la minéralogie biologique nous enseigne que la minéralisation de la chair musculaire du veau est défectueuse et de mauvaise qualité.

L'abondance des bases alcalines et de la magnésie dans les muscles du veau, dissoutes dans une quantité d'eau relativement grande, fait de la chair du veau un neutralisant de l'acide chlorhydrique du suc gastrique, mettons des acides du suc gastrique, dans certain cas, et trouble ainsi la digestion stomacale ; l'abondance des bases alcalines et de la magnésie neutralisant les acides gastriques forme des sels neutres qui, absorbés et possédant une tension osmotique beaucoup plus grande que celle du sérum sanguin, provoquent par exosmose une transsudation plus ou moins abondante du sérum sanguin dans l'intestin ; ils troublent ainsi la digestion intestinale et, de ce chef, loin d'être nutritive la chair musculaire du veau devient spoliatrice. Concluons : la chair musculaire du veau est un mauvais aliment minéral.

Les muscles du veau contiennent 5 grammes de potasse p. 1 000 ; ils contiennent une grande quantité de glycogène. La rencontre de la potasse et des corps ternaires chez les jeunes animaux n'est point fortuite ; ce n'est pas que le glycogène soit utile à la potasse, tout au contraire ; c'est la potasse qui est indispensable au glycogène ; c'est ici, comme partout ailleurs, la matière minérale conduisant les transformations biochimiques de la matière organique.

Knapp a remarqué, le premier, que la potasse favorisait tout particulièrement la fermentation du sucre. Dans les muscles, en général, mais plus spécialement dans les muscles du veau et des jeunes animaux qui sont riches en amidon animal, la potasse intervient pour la destruction du glucose, produit du glycogène par la diastase musculaire ; c'est à l'état de combinaison albuminoïde, à l'état d'albuminate de potasse, c'est-à-dire à l'état de ferment que la potasse coopère à la destruction du glucose qui est transformé par parties en deux molécules d'acide lactique ($C^6H^{12}O^6 = 2\,C^3H^6O^3$), par parties en eau et acide carbonique, laissant, comme nous l'avons vu à propos de la statique de l'eau, un reliquat d'hydrogène qui se combine à l'oxygène pour former de l'eau dans les tissus, formation d'eau qui rend si difficile, par parenthèse, l'établissement de la statique de l'eau ; peut-être se forme-t-il encore par régression un hydrocarbure de la série C^nH^{2n}, carbure dont la condensation paraît être le point de départ des hydrates de carbone, tout au moins chez les végétaux.

La présence dans les muscles et dans les tissus des végétaux de l'acide formique et de quelques autres acides de la série acétique semble venir confirmer l'hypothèse ci-dessus. La potasse, vous disai-je, agit comme un ferment, à l'état d'albuminate de potasse ; ceci n'est point une hypothèse, car la potasse se rencontre dans les muscles, quelque groupement salin que l'on puisse tenter, nécessairement en grande partie, à l'état de combinaison protéique, à l'état d'albuminate de potasse. La potasse en combinaison protéique dans le muscle s'élève, en moyenne, à 45,79 p. 100 de son poids total.

Le thème des leçons de cette année nous oblige à nous arrêter dans cette excursion à travers la physiologie du muscle, à la recherche des phénomènes intimes de la nutrition du muscle.

SEPTIÈME LEÇON

MINÉRALISATION DES MUSCLES DE LA VACHE

Messieurs,

Le suc musculaire de la vache se compose de :

Acide phosphorique. .	0 gr.	697	p. 1 000	
— sulfurique . . .	0 —	62	—	
Chlore.	0 —	61	—	
Chaux.	0 —	14	—	
Magnésie.	0 —	40	—	
Potasse	3 —	93	—	
Soude.	1 —	27	—	
Fer	0 —	04	—	
Alumine.	0 —	098	—	
Manganèse.	0 —	0025	—	
Fluor	0 —	00032	—	
Silice	0 —	12	—	
Baryte.	0 —	00	—	

Tissu musculaire.

Acide phosphorique. .	0 gr.	00	p. 1 000	
— sulfurique . . .	0 —	00	—	
Chlore.	0 —	00	—	
Chaux. . . .	0 —	04	—	
Magnésie. .	0 —	014	—	

6

```
Potasse  . . . . . . . .    0  gr 00     p. 1 000
Soude . . . . . . . . .     0 — 00        —
Fer . . . . . . . . . .     0 — 00        —
Alumine. . . . . . .        0 — 00        —
Manganèse. . . . . .        0 — 00        —
Fluor . . . . . . . . .     0 — 00        —
Silice . . . . . . . . .    0 — 00        —
Baryte. . . . . . . .       0 — 00        —
```

Rapports des éléments minéraux du suc musculaire de la vache entre eux.

Rapport de l'acide sulfurique à l'acide phosphorique. 88,952
Rapport du chlore à l'acide phospho-rique. 87,51
Rapport de la chaux à la magnésie . . 35,00
— de la soude à la potasse . . . 32,31
— du fer à l'alumine. 40,80
— du manganèse au fer. 6,25
— du fluor au chlore. 0,0524
— de l'alumine à la silice. . . . 81,66
— du fer au chlore. 6,55
— de la chaux à la potasse . . . 3,56
— — à la soude. . . . 11,02
— de la magnésie à la potasse. . 10,17
— — à la soude. . . 31,49
— du fluor au calcium de la chaux. 0,32
— de la silice à la potasse. . . . 3,05
— — à la soude 9,44

Rapport des éléments minéraux du tissu musculaire entre eux

Rapport de la magnésie à la chaux . 35 p. 100

Comparaison des éléments minéraux du suc musculaire
du veau et de la vache.

	Veau.	Vache.
Acide phosphorique.	0,828	0,697
— sulfurique	0,43	0,62
Chlore.	0,47	0,61
Chaux.	0,095	0,14
Magnésie.	0,527	0,40
Potasse	5	3,93
Soude.	2,24	1,27
Fer	0,029	0,04
Alumine.	0,062	0,098
Manganèse.	0,002	0,0025
Fluor	0,00027	0,00032
Silice..	0,0635	0,12
Baryte.	0,00	0,00

Comparaison des rapports des éléments minéraux du suc
musculaire du veau et de la vache entre eux.

	Veau.	Vache.	
Rapport de l'acide sulfurique à l'acide phosphorique . . .	51,93	88,95	p. 100
Rapport du chlore à l'acide phosphorique.	56,75	87,51	—
Rapport de la chaux à la magnésie.	18	35,00	—
Rapport de la soude à la potasse.	44,8	32,31	—
— du fer à l'alumine. . .	46,77	40,80	—
— du manganèse au fer .	9	6,25	—
— du fluor au chlore . .	0,057	0,0524	—
— de l'alumine à la silice.	97,79	81,66	—
— du fer au chlore . . .	6,17	6,55	—
— de la chaux à la potasse.	1,9	3,56	—
— — à la soude .	4,24	4,02	—

Rapport de la magnésie à la potasse. . . . . 10,54 10,17 p. 100
 — de la magnésie à la
  soude . . . . 23,52 31,49 —
 — du fluor au calcium de
  la chaux. . . . . . 0,398 0,32 —
 — de la silice à la potasse. 1,27 3,05 —
 — de la silice à la soude . 2,34 9,44 —

*Rapports des éléments minéraux du suc musculaire du
veau aux éléments minéraux du suc musculaire de la
vache et réciproquement,*

	Veau à vache.	Vache à veau.
Acide phosphorique.	—	84,17
— sulfurique . .	69,35	—
Chlore.	77,04	—
Chaux	67,85	—
Magnésie.	—	75,901
Potasse.	—	78,6
Soude	—	56,69
Fer	72,50	—
Alumine.	63,26	—
Manganèse.	80,00	—
Fluor	84,37	—
Silice.	52,91	—

La lecture de ce tableau est des plus instruc-
tives. En effet, il nous montre les éléments par lesquels le sol du veau et de la vache se touchent, les
éléments par lesquels le sol du veau et de la
vache s'éloignent. Vous voyez que, lorsque le veau
a 100 d'acide phosphorique dans ses muscles, la

vache en a 84,17 ; lorsque la vache a 100 d'acide sulfurique, de chlore et de chaux, le veau a 69,35 d'acide sulfurique, 77,04 de chlore et 67,85 de chaux ; lorsque le veau a 100 de magnésie, la vache a 75,901 de magnésie ; lorsque le veau a 100 de potasse et de soude, la vache a 78,6 de potasse et 56,69 de soude ; lorsque, au contraire, la vache a 100 de fer, d'alumine, de manganèse, de fluor et de silice, le veau a 72,50 de manganèse, 63,26 d'alumine, 80 de manganèse, 84,37 de fluor et 52,91 de silice.

La moyenne des éléments minéraux par lesquels le sol de la vache se rapproche du sol du veau est de 73,84 p. 100 ; la moyenne des éléments par lesquels le sol du veau se rapproche du sol de la vache est de 70,91. En somme, on peut considérer que la vache et le veau ont des aptitudes minérales qui se rapprochent singulièrement, que le sol de la vache et du veau semblent se confondre pour les trois quarts de leur totalité environ. Il est une circonstance de la vie de la vache qui rapproche plus encore ses éléments minéraux constitutifs des éléments minéraux du veau, c'est la période de la gestation.

Les femelles de tous les animaux, la compagne de l'homme, la femme, vivent physiologiquement presque d'une vie enfantine, si je puis m'exprimer ainsi. Ce fait, mis à jour par la minéralogie biologique, m'autorise à m'écarter un moment de l'analyse minérale des muscles de la vache pour développer devant vous un feuillet nouveau du livre largement ouvert de la pathologie générale.

Si nous nous arrêtons aux points saillants de l'analyse des muscles du veau et de la vache qui sont l'objet de ces leçons, nous voyons que la potasse et la soude sont les dominantes, non pas les dominantes ordinaires, mais les dominantes exagérées du milieu musculaire aux détriments de la chaux ; la potasse et la soude des muscles de la femme sont au-dessus de la potasse et de la soude des muscles de l'homme de même que les muscles de l'enfant ; la potasse et la soude sont les dominantes surélevées des muscles des femelles et des petits de tous les animaux. La grossesse de la femme, la gestation des femelles des animaux accentue l'état physiologique qui les rapproche de l'enfance, de la première enfance. Nous pouvons généraliser, en prenant pour point de départ l'état du sol musculaire, car la masse musculaire représente plus du tiers du poids total du corps, nous pouvons généraliser et considérer dans son ensemble le corps de la femme et de l'enfant, de la femelle et de ses petits comme riche en bases alcalines et pauvre en chaux par spécialisation de l'emploi de cet élément.

Le sol de la femme, le sol des femelles en général, le sol de l'enfant par rapport à la femme, le sol des jeunes animaux par rapport à leurs mères sont donc constitués par un sol de même nature quant à leurs dominantes. Or, que nous enseigne la pathologie? La pathologie nous enseigne que les mêmes éléments pathogènes qui fauchent l'enfant, fauchent aussi facilement la mère et que, si certaines immunités paraissent acquises au sol de l'enfant et au sol maternel, ces affections qui frappent l'enfant et la femme enceinte sont trop nombreuses encore. Question de terrain, disait-on jusqu'à ce jour; oui, mais quel est-il ce terrain? Un terrain propre à telle ou telle culture microbienne; je vous l'accorde; mais encore quel est ce terrain? Pourquoi ce terrain est-il fertile et, disons-le, momentanément fertile? Changement du milieu intérieur pour la femme; défaut de résistance pour cause de développement chez l'enfant. Toutes ces réponses ne répondent à rien parce que le *substratum*, la nature du terrain étaient inconnus. Nous l'avons dans la main aujourd'hui, ce terrain, nous le tenons dans nos doigts; nous le connaissons; c'est à nous de tirer de la connaissance de ce terrain tout le profit nécessaire. Chez la femme, chez les femelles des animaux, la chaux se transporte vers l'organe gestateur, ses annexes, vers la ceinture osseuse qui leur sert de protection et de soutien ; chez l'enfant, la chaux se transporte vers les os, vers les protoplasmes les plus essentiels à la vie, vers les centres nerveux ; en outre, chez la femme enceinte, chez l'enfant, la chaux alimentaire est presque toujours insuffisante. De sorte que chez la femme enceinte tous les protoplasmes souffrent de l'inanition de la chaux, de la chaux ferment de vitalité, ferment protoplasmique par excellence, conséquemment ferment de résistance vitale. Le calcium et les autres métaux de la même famille semblent peu favorables au développement microbien, mais les bases alcalines, mais la potasse, mais la soude, mais les milieux alcalins, tous les microbiologistes le savent, sont des milieux de culture parfaits pour un grand nombre de microbes pathogènes. L'enfant, la femme enceinte sont des milieux alcalins où dominent la potasse, la soude et à côté d'elles les corps ternaires en abondance ; l'enfant, la femme enceinte sont de merveilleux milieux de culture microbienne pour certains microbes pathogènes, pour les mêmes microbes pathogénes auxquels ils fournissent un milieu de culture presque identique. Augmenter la chaux momentanément chez la femme enceinte, en tout temps chez l'enfant, tel est notre devoir pour préserver ces deux êtres également chers à nos cœurs, également précieux à l'humanité.

Les éléments pathogènes qui envahissent l'organisme de la femme enceinte et de l'enfant sont disparates ; ici c'est la rougeole, là c'est la diphtérie ; ici c'est la coqueluche, là c'est la scarlatine, etc. ; or, le sol de la femme enceinte et de l'enfant est un dans ses éléments dominants ; existe-t-il des nuances de constitution minérale dans le sol qui favorise l'évolution d'un élément pathogène de préférence à un autre ?

Je vous ai dit à la fin des leçons de l'année dernière que deux lois générales différenciaient les organismes : l'aptitude minérale des protoplasmes, le rapport de participation à la vie des éléments minéraux.

L'aptitude minérale des protoplasmes des femelles et de leurs petits, de la femme et de l'enfant sont les mêmes, le rapport de participation à la vie des éléments minéraux est changeant chez les unes et chez les autres ; en outre, le rapport de participation à la vie des éléments minéraux quoique très rapproché, est différent chez la mère et chez ses petits. Les changements des rapports de participation à la vie des éléments minéraux dispose le terrain, le sol, pour la culture d'un élément pathogène déterminé indépendamment de toute action de contage ; ainsi peut s'expliquer la prédisposition à l'évolution de tel élément pathogène plutôt que de tel autre ; c'est encore et toujours l'état du sol qui règle et mesure la qualité et la valeur de la moisson.

N'allez pas croire que je forge ici des hypothèses pour servir des idées préconçues ; que je cherche à ployer les faits, matière peu flexible de sa nature, pour mieux exposer à vos regards la matière minérale conduisant les fermentations de le vie, subjuguant la matière organique née de ses œuvres. La preuve que la matière minérale constitue effectivement le sol apparenté de la mère et de l'enfant c'est que la matière organique par excellence, la matière organique sur laquelle depuis plus de soixante ans, on a appuyé toutes les mesures des actes vitaux, c'est que l'azote n'est point comparable dans les muscles de la femelle et dans les muscles de ses petits. Les muscles de l'enfant, les muscles des jeunes animaux ne sont pas complètement développés, me direz-vous ; peu m'importe, c'est une question de poids et non point une question de qualités. L'azote des muscles du veau est de 1 gr. 55 p. 100 ; l'azote des muscles de la vache est de 2 gr. 74 p. 100 ; le rapport de l'azote des muscles du veau à l'azote des muscles de la vache est de

56,569, c'est-à-dire que les muscles de la vache contiennent 43,43 p. 100 d'azote de plus que les muscles du veau.

La matière minérale des muscles de la vache est de 799 milligrammes p. 100 ; la matière minérale des muscles du veau est de 981 milligrammes p. 100, c'est-à-dire que les muscles du veau contiennent 18,55 p. 100 seulement de matière minérale de plus que les muscles de la vache. Ce n'est donc point la matière azotée qui rapproche les muscles de la femelle de ses petits, mais bien la matière minérale ; c'est bien la matière minérale qui constitue le sol de la mère voisin du sol de l'enfant ; c'est la matière minérale dans ses rapports de participation à la vie qui fait le sol de la mère et de l'enfant aptes au développement d'éléments pathogènes déterminés. Je vous en ai dit assez, je présume, pour vous faire comprendre la prépondérance de la matière minérale dans la physiologie pathogénique, comme dans la physiologie normale.

Les muscles de la vache se composent de :

Matière organique .	264 gr. 31 p. 1 000	
Matière minérale. .	7 — 99	—
Eau.	727 — 70	—
Azote	27 — 40	—

Les rapports de l'azote à la matière organique,

n'appartiennent pas, à proprement parler, au caractère de ces leçons ; mais, en passant, si nous jettions un coup d'œil sur la matière organique des muscles de la vache, nous verrions que les corps ternaires s'y trouvent en petite quantité ; il ne nous sied aujourd'hui que d'en tirer quelques conséquences.

Le rapport de la matière minérale totale des muscles de la vache à la matière organique totale est de 3 p. 100 ; le rapport de la matière minérale à l'azote est de 29, 17 p. 100 ; le rapport de la matière minérale totale des muscles du veau à la matière organique totale est de 3,94 p. 100 ; le rapport de la matière minérale à l'azote est de 63,25 p. 100 ; ce qui veut dire que 29,17 de matière minérale égalent 100 d'azote chez la vache et que 63,25 de matière minérale égalent 100 d'azote chez le veau ; d'où l'on peut déduire que les 264,31 p. 100 de matière organique du muscle de la vache ne sont point composés des mêmes éléments que les 248 gr. 88 de la matière organique du veau ; ainsi, défaut d'unité dans les éléments de la matière organique des muscles de la vache et du veau ; uniformité des éléments minéraux dominants des muscles de la vache et du veau ; autre preuve que le sol de la vache et du veau est fait de matière minérale et non de matière organique, preuve appuyée sur la pathologie, la physiologie normale et l'analyse.

L'azote, vous ai-je dit, est tributaire du minéral dans le monde vivant. Or, l'azote du muscle du veau et l'azote du muscle de la vache sont inégaux et la minéralisation des muscles de la vache et du veau est rapprochée ; comment faire concorder cette inégalité de l'azote avec cette quasi-égalité de la minéralisation ? Le rapport de participation à la vie des éléments minéraux n'est point pareil dans les muscles de la vache et dans les muscles du veau. Reportez-vous au tableau des rapports des éléments minéraux des muscles de la vache et du veau ; vous constaterez que huit éléments de minéralisation sur douze éléments dosés sont plus petits dans les muscles du veau que dans les muscles de la vache ; quatre éléments seulement sont plus petits dans les muscles de la vache que dans les muscles du veau. Parmi les éléments minéraux plus petits dans les muscles du veau que dans les muscles de la vache se trouvent l'acide sulfurique résultant, en grande partie, de l'oxydation du soufre des matières azotées, le chlore dont la mission est de préparer les substances azotées pour la nutrition, de peptoniser les substances azotées ; le fer, agent vecteur de l'oxygène dans le tissu musculaire, le manganèse ferment oxydant.

La potasse et la soude sont plus petites dans les muscles de la vache que dans les muscles du veau, ce qui, avec la chaux plus grande, diminue d'autant la susceptibilité pathologique de la mère par rapport à la susceptibilité pathologique de ses petits : cela est tellement vrai que l'on rencontre rarement, toutes proportions gardées, les maladies de l'enfance chez les femmes enceintes ; le sol des femelles, de la femme est moins alcalin que le sol des petits, que le sol de l'enfant ; les tissus des femelles, de la femme sont moins riches en corps ternaires, je vous l'ai démontré, que les tissus des petits, que les tissus de l'enfant : c'est pourquoi les maladies de l'enfance sont en somme plus rares, chez les femmes enceintes que chez les enfants ; la femme et l'enfant sont deux milieux de culture favorables à l'évolution de certains microbes pathogènes, mais le sol de l'enfant offre à ces microbes pathogènes un milieu de culture mieux préparé que le sol de la mère.

Pouvons-nous tirer quelques indications au point de vue de la physiologie pathologique de la quantité d'eau contenue dans les muscles de la vache et dans les muscles du veau, étant donné que l'eau est en rapport avec l'activité vitale des tissus ? Nous vous avons démontré, en effet, pendant les années précédentes et je vous ai rappelé souvent que l'eau et la matière minérale pouvaient être considérées comme les agents principaux, comme les facteurs de toute nutrition, de toute vie et même, réservant notre manière de voir sur les causes de la vie, comme les aliments premiers de toute vie.

Les muscles de la vache contiennent 727 gr. 70 d'eau par kilogramme ; les muscles du veau contiennent 741 gr. 30 d'eau par kilogramme ; différence en faveur des muscles du veau, 741 gr. 30 — 727 gr. 70 = 13 gr. 60 d'eau ; ces 13 gr. 60 représentent, en apparence, un travail vital peu intense ; je dis vital puisqu'il s'agit d'une machine vivante et parce qu'il ne saurait être question ici de production de forces, de travail musculaire.

La moyenne de l'eau pour un kilogramme de muscles de vingt-quatre animaux de différentes espèces dont douze mâles et douze femelles est de 729 gr. 31. La moyenne de l'eau musculaire de douze mâles est de 725 gr. 76 par kilogramme ; la moyenne de l'eau musculaire des douze femelles est de 732 gr. 83 par kilogramme. L'eau moyenne des muscles de l'homme, contraste que nous essaierons d'expliquer, est plus grande que l'eau moyenne musculaire de la femme ; l'eau musculaire moyenne de l'homme est de 698 grammes par kilogramme et celle de la femme de 655 grammes 40 par kilogramme.

Si, par pure hypothèse, nous admettons que 727 c³ 70 de solution saline aqueuse musculaire représentent une unité de travail vital ; soyons plus précis : si nous admettons que 727 c³ 70 de solution saline musculaire représentent, au repos, 716 petites calories par heure, nous constaterons que 13 gr. 60 de la solution saline des muscles du veau donnent 13, 38 calories par heure de plus que les muscles de la vache, or la quantité de chaleur dégagée par les jeunes animaux, l'enfant, est environ le double de la chaleur dégagée par l'adulte, en relation avec la surface du corps, comme l'a démontré Richet ; 727 c³ 70 de solution saline musculaire vaudraient chez le veau, par heure, 716 calories $\times$ 2 $+$ 26,76, soit 1 458,76 calories.

Je n'ai pas la simplicité de croire que l'eau et la matière minérale produisent à elles seules la chaleur, mais je constate que, sans matière minérale, il n'est plus de fermentations des corps ternaires, sources de la chaleur animale et que si vous supprimez l'eau et la matière minérale, vous supprimez du coup les causes de la chaleur animale.

L'activité vitale est-elle une condition favorable à l'éclosion des éléments pathogènes chez l'enfant ? Nous pourrions le croire si nous considérons certaines familles microbiennes ; nous ne pouvons l'admettre si nous considérons d'autres microbes, le plus grand nombre. Le pneumocoque, qui attaque assidûment l'enfance, qui fait de nombreuses victimes parmi les enfants, n'évolue point dans le milieu infantile comme dans le milieu adulte ; il attaque différemment l'adulte et l'enfant ; le microbe d'Eberth choisit moins souvent l'enfance que l'adolescence.

En réalité, l'activité vitale qui est le résultat de la synergie d'innombrables plastides ne saurait aboutir à favoriser des éléments cellulaires qui sapent la vie ; il ne peut y avoir accord, symbiose, entre les éléments anatomiques divers et les agents pathogènes destructeurs de ces mêmes éléments anatomiques.

Alors que les muscles des femelles des animaux sont plus aqueux que les muscles des mâles, les muscles de la femme sont moins aqueux que les muscles de l'homme ; que dire de cette anomalie ? D'abord les muscles de l'homme sont moins aqueux que les muscles des animaux ; quant aux muscles de la femme, ne pourrait-on voir dans la moindre quantité de leur eau le résultat d'un état social, de la manière dont la femme vit dans notre cité ? Les muscles de la femme travaillent peu, en général ; leur inactivité relative ne serait-elle pas la cause de leur plus petite hydratation ? C'est possible, mais la vraie cause de la moindre quantité d'eau contenue dans les muscles de la femme réside dans la présence de la graisse ; vous vous en souvenez, plus le corps d'un individu porte de graisse, moins il retient d'eau.

Le milieu dans lequel je suis placé m'a obligé à prendre mes sujets d'analyse où j'ai pu les trouver, à l'abattoir de la Villette pour la plupart ; or, on n'engraisse généralement pas les femelles des animaux pour la consommation ; on engraisse les mâles de préférence ; ce pourrait être là la cause de la différence d'hydratation des muscles des femelles et des mâles ; ce qui me confirmerait dans cette manière de voir, c'est que les quatre brebis et les quatre chèvres que nous avons analysées, et qui n'avaient certainement pas été soumises à l'engraissement, nous ont fourni la quantité d'eau la plus élevée, comme vous le verrez, parmi les autres animaux analysés. L'engraissement du veau est nul pour ainsi dire, car le veau marchand ne doit avoir pris d'autre nourriture que du lait ; je m'expliquerai ainsi pourquoi le veau a conservé son eau normale physiologique, supérieure, en fait, à l'eau musculaire de la vache, indépendamment de toutes autres considérations d'âge et de développement.

HUITIÈME LEÇON

MINÉRALISATION DES MUSCLES DU TAUREAU

Messieurs,

Les muscles du taureau se composent de :

Matière minérale.	8 gr.	626
Matière organique. . . .	269 —	974
Eau	721 —	40

pour 1 kilogramme de muscles.

La matière minérale se répartit de la manière suivante :

Dans le suc musculaire.

Acide phosphorique. . .	1 gr. 014	p. 1 000.
— sulfurique	0 — 378	—
Chlore	0 — 84	—
Chaux	0 — 307	—
Magnésie.	0 — 405	—
Potasse.	3 — 81	—
Soude	0 — 885	—
Fer	0 — 068	—
Alumine	0 — 111	—
Manganèse	0 — 043	—
Fluor.	0 — 00072	—
Silice	0 — 401	—

Dans le tissu musculaire.

Acide phosphorique. . . .	0 gr. 00	p. 1 000.
— sulfurique	0 — 00	—
Chlore	0 — 00	—
Chaux	0 — 103	—
Magnésie	0 — 135	—
Potasse.	0 — 00	—
Soude	0 — 00	—
Fer.	0 — 00	—
Alumine	0 — 00	—
Manganèse	0 — 00	—
Fluor.	0 — 00	—
Silice.	0 — 00	—

Rapports des éléments minéraux du suc musculaire
du taureau entre eux.

De l'acide sulfurique à l'acide phosphorique	37,278	p. 100.
Du chlore à l'acide phosphorique.	82,84	—
De la chaux à la magnésie	75,802	—
De la soude à la potasse	23,22	—
Du fer à l'alumine.	61,261	—
Du manganèse au fer	63,235	—
Du fluor au chlore.	0,0857	—
De l'alumine à la silice.	27,68	—
Du fer au chlore.	8,095	—
De la chaux à la potasse.	8,06	—
De la chaux à la soude	34,62	—
De la magnésie à la potasse . . .	10,63	—
De la magnésie à la soude	45,76	—
Du fluor au calcium de la chaux. .	0,328	—
De la silice à la potasse.	10,525	—
De la silice à la soude	45,31	—

*Rapport des éléments minéraux du tissu musculaire
entre eux.*

Rapport de la chaux à la magnésie . . .   76,29

*Rapport des éléments minéraux du suc musculaire
du taureau à la minéralisation totale.*

De l'acide phosphorique . . .	11,75
— sulfurique.	4,382
Du chlore.	9,738
De la chaux	3,559
De la magnésie	4,69
De la potasse	44,17
De la soude	10,26
Du fer	0,78
De l'alumine.	1,28
Du manganèse.	0,49
Du fluor	0,0081
De la silice	4,64

*Rapport des éléments du tissu musculaire
à la minéralisation totale.*

Rapport de la chaux 1,19
      — de la magnésie. 1,56

*Rapports individuels des éléments minéraux de la chair
musculaire du taureau à la matière organique.*

De l'acide phosphorique. . . .	0,376
— sulfurique	0,140
Du chlore	0,311
De la chaux	0,111
De la magnésie.	0,151

7.

De la potasse. 1,41
De la soude 0,327
Du fer. 0,025
De l'alumine 0,04
Du manganèse 0,0159
Du fluor. 0.0003
De la silice. 0,014

Rapport de la matière minérale totale à l'eau totale
des muscles du taureau.

Matière minérale. . . . .   8 gr. 626 p. 100.
Eau. . . . . 721 — 40   —
Rapport. . . . . 1 — 195   —

Le taureau est le troisième animal de la même
espèce dont je vous présente l'analyse minérale
des muscles. Les trois animaux qui ont été les
sujets de nos analyses sont de la même espèce,
mais ils appartiennent chacun à un état physiologique particulier ; j'ai analysé le veau et la vache ;
aujourd'hui j'analyse le taureau ; nous aurons ainsi
parcouru le cycle entier de la vie dans sa conti-
nuité ; nous aurons étudié le générateur, le gestateur et leur produit. Je viens de faire passer
devant vos yeux les divers tableaux qui établissent
la minéralisation du taureau, les éléments qui la
composent, les rapports de ces éléments entre eux
et avec les autres parties constituantes du muscle ;
vous connaissez déjà par le fait la minéralisation

musculaire du taureau ; avant de pénétrer plus loin dans l'étude de cette minéralisation, il nous a paru intéressant de comparer les rapports de la minéralisation totale du taureau à l'eau totale de ses muscles avec les rapports de la minéralisation totale du veau et de la vache à l'eau totale de leurs muscles.

	Taureau.	Veau.	Vache.
Matière minérale musculaire totale. . . .	$8^{gr},626$	$9^{gr},8163$	$7^{gr},99$
Eau	721—40	741—30	727—70
Rapport p. 100. . . .	1—195	1—324	1—097

Les muscles du taureau contiennent 1 gr. 19 de matière minérale pour 100 grammes d'eau ; les muscles du veau en contiennent 1 gr. 32 et les muscles de la vache 1 gr. 09.

L'état physiologique si différent du taureau, du veau et de la vache est fait de peu si l'on considère les rapports de la matière minérale à l'eau des muscles ; l'écart le plus grand qui existe entre ces rapports, entre le veau et la vache, est de 17 gr. 43 p. 100 ; en outre, le poids de la matière minérale n'est pas en rapport avec le poids de l'eau ; si nous admettons que le veau est l'expression justifiée de la loi qui veut que *plus les tissus sont aqueux, plus ils sont minéralisés*, le taureau et la vache apparaissent comme des exceptions à la loi de répartition de l'eau et de la matière minérale dans l'organisme. En prenant comme type de comparaison les muscles du veau, en ce qui touche l'eau et la matière minérale, les muscles du taureau contiennent trop d'eau pour leur minéralisation et les muscles de la vache ne contiennent pas assez de matière minérale pour leur eau.

Dans les muscles du veau 0 gr. 0132 de matière minérale représentent 1 gramme d'eau :

$$\frac{9,81}{741,30} = 0 \text{ gr. } 0132$$

0 gr. 0132 de matière minérale représentant 1 gramme d'eau, les 8 gr. 626 de matière minérale du taureau représenteront $\frac{8,626}{0,0132} = 653$ gr. 48, soit 653 gr. 48 d'eau musculaire ; les 7 gr. 99 de matière minérale de la vache représenteront $\frac{7,99}{0,0132} = 605$ gr. 33 d'eau musculaire. De sorte que les muscles du taureau et de la vache se trouvent posséder plus d'eau proportionnellement à leur matière minérale que les muscles du veau qui pondéralement en contiennent davantage. La diffusion de la matière minérale est plus grande chez le taureau et la vache que chez le veau, ce qui signifie que les muscles du taureau et de la vache sont capables d'une activité fonctionnelle plus grande que ceux du veau ; les muscles du veau, eux, sont plus miné-

ralisés et plus aqueux et cet excès de matière minérale et d'eau dans les muscles du veau indique une activité soutenue de la vie végétative puisque les éléments minéraux y sont moins diffus dans l'eau, puisque la dissociation des éléments minéraux y est moins grande. Il faut distinguer, en effet, à propos de la minéralisation des tissus l'activité fonctionnelle de l'activité végétative : *les tissus vivent d'échanges chimiques, sans travailler ; ils vivent d'échanges chimiques et ils travaillent, ils développent de la force ; tel est le cas du tissu musculaire ; les tissus les plus minéralisés et les plus aqueux sont ceux qui vivent le plus de la vie végétative, dans lesquels les échanges chimiques sont le plus actifs ; les tissus dans lesquels la matière minérale se trouve le plus diffuse sont les tissus capables de développer de la force ; ces tissus sont moins minéralisés et relativement plus riches en eau que les tissus vivant d'une vie végétative active.*

Si les lois que nous venons de vous exposer sont vraies, les muscles de la vache seraient fonctionnellement plus actifs que ceux du taureau, fait qui de prime abord paraît inadmissible ; en y réfléchissant, la chose n'est point si extraordinaire ; en effet, chez le taureau, tel que nous l'avons analysé, les muscles ne sont pas encore arrivés à leur complet développement ; le dosage de l'azote nous le prouvera, tandis que la vache, elle, a atteint son état physiologique définitif ; en outre, la vache a des occasions fréquentes de se déminéraliser plus amplement que le taureau ; nos lois de distribution de la matière minérale dans les tissus, selon les divers stades physiologiques de l'individu, demeurent donc entières.

Comparaison des rapports des éléments minéraux
du suc musculaire du taureau et de la vache entre eux.

	Taureau.	Vache.
Rapport de l'acide sulfurique à l'acide phosphorique	37,278	88,952
Rapport du chlore à l'acide phosphorique	82,84	87,51
Rapport de la chaux à la magnésie .	35,000	75,802
— de la soude à la potasse. .	23,22	32,31
— du fer à l'alumine.	61,261	40,80
— du manganèse au fer . . .	63,235	6,25
— du fluor au chlore	0,0857	0,0524
— de l'alumine à la silice . .	27,68	81,66
— du fer au chlore.	8,095	6,55
— de la chaux à la potasse. .	8,06	3,56
— de la chaux à la soude. . .	34,62	11,02
— de la magnésie à la potasse.	10,63	10,17
— de la magnésie à la soude .	45,76	31,49
— du fluor au calcium de la chaux	0,328	0,32
— de la silice à la potasse . .	10,525	5,05
— de la silice à la soude . . .	45,31	9,44

*Rapports des éléments minéraux du suc musculaire du tau-
reau aux éléments minéraux du suc musculaire de la
vache et réciproquement.*

	Taureau à vache.	Vache à taureau.
Acide phosphorique. .	»	68,737
— sulfurique . . .	60,967	»
Chlore.	»	73,80
Chaux	»	45,60
Magnésie.	»	98,518
Potasse	96,94	»
Soude	69,685	»
Fer	»	58,823
Alumine.	»	88,288
Manganèse.	»	5,813
Fluor	»	44,44
Silice	»	29,925

Trois éléments minéraux seulement sur douze
sont plus petits dans les muscles du taureau que
dans les muscles de la vache ; ces éléments sont
l'acide sulfurique, la potasse et la soude ; tous les
autres éléments minéraux sont plus grands dans les
muscles du taureau que dans les muscles de la
vache. La magnésie et la potasse se rapprochent
beaucoup dans les muscles des deux animaux ; le
muscle du taureau possède près de 17 p. 100 de
potasse contre 100 dans le muscle de la vache ; le
muscle de la vache possède plus de 98 gr. 50 p. 100
de magnésie contre 100 dans le muscle du taureau.

Les muscles du taureau contiennent 31,26 p. 100 d'acide phosphorique de plus que les muscles de la vache ; ils contiennent 54,40 p. 100 de chaux de plus que les muscles de la vache. La vache dérive le phosphate de chaux vers son bassin, vers son utérus ; j'ai déjà eu occasion de le dire ou de l'écrire, j'ai rencontré dans le tissu sous-muqueux de l'utérus de certaines vaches de larges plaques de sels calcaires, dépôts et réserves tout à la fois des gestations passées et futures.

Les muscles de la vache contiennent 58,82 de fer contre 100 que retiennent les muscles du taureau. Des analyses déjà anciennes de Bunge et des analyses plus récentes de Charrin et Guilleminot, qui confirment celles de Bunge, il résulte que les femelles donnent en abondance le fer à leurs petits ; au lieu de se porter vers le bassin comme le phosphate de chaux, le fer s'accumule dans la rate et le foie, organes de réserve ordinaire du fer.

Je désire appeler toute votre attention sur les rapports du manganèse dans la minéralisation des muscles de la vache et du taureau. Les muscles du taureau contiennent 94,19 p. 100 de manganèse contre 5,81 que contiennent les muscles de la vache. Le taureau possède 63,23 p. 100 de manganèse contre 100 de fer ; la vache possède 6,25 p. 100 de manganèse contre 100 de fer. Ainsi les muscles de la vache sont pauvres en manganèse par rapport aux muscles du taureau, mais encore ils sont pauvres en manganèse par rapport à la petite quantité de fer qu'ils retiennent. La moindre minéralisation en manganèse des muscles de la vache ne serait donc pas que relative, elle serait réelle et la plus grande minéralisation en manganèse des muscles du taureau n'en aurait qu'une signification plus accentuée. Le fer et le manganèse appartiennent à la même famille minérale ; cependant.ils ne peuvent se suppléer à cause de leurs qualités intrinsèques ; il n'y a pas d'isomérie en physiologie vous ai-je dit après Grandeau et l'école de Cl. Bernard.

La preuve que le manganèse et le fer ne sont point destinés aux mêmes fonctions physiologiques, c'est que non seulement nous ne trouvons pas de relation pondérale entre le fer et le manganèse des muscles du taureau et de la vache, mais encore entre l'équivalence de leur activité chimique, entre leurs poids atomiques. Je m'explique :

Le poids atomique du manganèse est de 55 ; le poids atomique du fer est de 56 ; or le rapport du manganèse au fer est de 63,23 p. 100 chez le taureau et de 6,25 p. 100 chez la vache ; étant donné ces rapports, il semble que la vache distrait de ses muscles 56 p. 100 de manganèse de plus que le taureau par rapport au fer ; on ne peut donc pas, le poids atomique du fer et du manganèse étant très rapproché, penser à une suppléance physiologique, biochimique de ces éléments entre eux. D'où nous pouvons déduire que les muscles du taureau ont besoin d'une quantité plus grande de manganèse que les muscles de la vache ou, ce qui paraît plus vraisemblable, d'après ce que nous savons de l'utilisation de la matière minérale par les femelles, que la vache dérive son manganèse comme son acide phosphorique, comme sa chaux, comme son fer, de ses muscles vers les centres générateurs.

La chaux, vous l'avez vu tout à l'heure, est 54,40 plus petite dans les muscles de la vache que dans les muscles du taureau; voilà donc la base des deux fermentations principales, des ferments hydratants et des ferments oxydants, le calcium et le manganèse, que les muscles du taureau retiennent en abondance par rapport aux muscles de la vache; cette minéralisation absente des muscles de la vache, nous la retrouverons ailleurs, mais le moment n'est pas encore venu de la rechercher; je vous rappellerai seulement que le calcium préside principalement aux fermentations des polysaccharides, que le manganèse préside aux fermentations des corps de la série aromatique et peut-être de la série grasse.

Si la chaux et le manganèse sont fort éloignés dans les muscles de la vache et du taureau, la magnésie des muscles de l'une et de l'autre est, au contraire, fort rapprochée. Les muscles, en général, contiennent des quantités assez élevées de magnésie. De tous les éléments minéraux qui constituent la minéralisation des muscles, la magnésie, est celui qui suit de plus près la courbe de l'eau musculaire. Pour ne parler que des muscles dont je vous ai donné l'analyse, voici les rapports de la magnésie et de l'eau :

	Eau.	Magnésie.	Rapport.
Homme .	69,80 p. 100	0,123 p. 100	0,176 p. 100.
Femme. .	65,54 —	0,107 —	0,163 —
Veau. . .	74,13 —	0,209 —	0,281 —
Vache . .	72,77 —	0,153 —	0,210 —
Taureau .	72,14 —	0,194 —	0,268 —

D'où vient cette constance des sels de magnésie par rapport à l'eau musculaire ?

Vous savez que l'eau charge d'énergie latente les corps dissous. Cette énergie acquise par la diffusion représente pour certains corps une quantité de chaleur fort élevée, c'est-à-dire la quantité de chaleur que les corps prennent à l'eau par dilution, est parfois considérable.

Il existe un moyen entre autres pour calculer la

plus ou moins grande rapidité de dissociation des sels dans leur dissolvant, dans l'eau ; c'est de mesurer la résistance électrique des solutions salines (Foussereau). Le calcul des résistances électriques démontre que les sels de magnésium se dissocient fort lentement. La lenteur des sels de magnésium à se dissocier dans l'eau les met dans un état d'infériorité par rapport aux autres solutions salines ; les sels de magnésium perdent de leur aptitude à se dédoubler, à se combiner dans leurs éléments dissociés avec d'autres corps ; ou, pour dire plus vrai, les sels de magnésium emploient beaucoup plus de temps pour se charger d'énergie et conséquemment pour se transformer. La vie met à profit ces qualités physiques des sels de magnésie, qualités dont les combinaisons albumino-magnésiennes accentuent encore les caractères

Je veux me rappeler que nous étudions la minéralogie musculaire exclusivement pour ne pas me laisser entraîner jusqu'aux conséquences biochimiques des propriétés physiques des sels de magnésie. L'acide phosphorique et la potasse se rapprochent plus ou moins de la courbe de l'eau, mais ne la touchent pas à beaucoup près comme la magnésie, ce que je tiens à vous montrer surtout, c'est le défaut complet de rapprochement possible

entre la courbe de l'eau et la courbe du calcium.

	Eau.	Chaux.	Rapport.
Homme .	69,80 p. 100	0 gr. 081 p. 100	0,116 p. 100.
Femme .	65,54 —	0 — 048 —	0,0732 —
Veau. .	74,13 —	0 — 061 —	0,0822 —
Vache .	72,77 —	0 — 062 —	0,0851 —
Taureau .	72,14 —	0 — 035 —	0,0485 —

*Comparaison des rapports de la magnésie et de la chaux
pour une même quantité d'eau musculaire.*

	Eau.	Magnésie.	Chaux.	RAPPORTS Magnésie.	Chaux.
	p. 100	p. 100	p. 100	p. 100	p. 100
Homme .	69,80	0,123	0,081	0,176	0,116
Femme. .	65,54	0,107	0,048	0,163	0,0732
Veau. . .	74,13	0,209	0,061	0,281	0,0822
Vache . .	72,77	0,153	0,062	0,210	0,0851
Taureau .	72,14	0,194	0,035	0,268	0,0485

Ainsi pour 69,80 d'eau le muscle de l'homme
contient 0,116 de chaux et pour 72,14 d'eau, le
muscle du taureau ne contient que 0.0485 de chaux,
tandis que pour 69,80 d'eau, le muscle de l'homme
contient 0,176 de magnésie et pour 72,14 d'eau le
muscle du taureau contient 0,268 de magnésie. La
différence du poids atomique des deux éléments
calcium et magnésium, suffit-il à expliquer cette
progression inverse de la chaux à la magnésie par
rapport à la même quantité d'eau musculaire? Le

rapport du poids atomique du magnésium au poids atomique du calcium est 60, c'est-à-dire que 60 de calcium remplacent en poids 100 de magnésium dans une combinaison chimique quelconque, or, l'eau musculaire du taureau contient 78,46 p. 100 de magnésium de plus que de calcium ; il ne saurait donc être question ici, non plus que dans toute autre circonstance, de suppléance biochimique entre le calcium et le magnésium ou réciproquement ; c'était ce que je voulais vous démontrer ; chaque élément minéral a sa mission propre dans la vie !

Rapport de la matière minérale à la matière organique des muscles du taureau :

La matière minérale des muscles du taureau étant de 8,626 p. 1000 et la matière organique de 269,974, le rapport de la matière minérale à la matière organique est de 3 et une petite fraction ; ce même rapport est chez le veau de 3,94, de 3 et une petite fraction chez la vache ; de 1,98 chez la femme, de 2,57 chez l'homme ; autant d'individus d'une même espèce, autant de modes de vivre.

Le rapport moyen de la matière minérale musculaire peut être considéré dans l'espèce humaine comme se rapprochant de 2,275 p. 100 ; le même rapport moyen paraît être chez les animaux de 3,258 p. 100, c'est-à-dire que chez les animaux,

chez les mammifères, en général, les muscles contiennent 3 gr. 258 de matière minérale contre
100 grammes de matière organique, que les
muscles, dans l'espèce humaine, contiennent
2 gr. 275 de matière minérale contre 100 grammes
de matière organique.

La matière organique des muscles du taureau se
compose de :

> Corps azotés . . . .   202,4 p. 1 000.
> Corps non azotés . .   67,574 p. 1 000.

L'azote des muscles du taureau est de 30 gr. 36
pour 1 kilogramme de muscles ; j'ai attribué tout
l'azote à la substance propre du muscle, aux albuminoïdes et j'ai admis que 15 grammes d'azote
représentaient 100 grammes de substance musculaire. Ai-je raison de compter ainsi ? Je ne crois
pas être très loin de la vérité, car dans le muscle
normal les bases de la série xanthique sont rares,
l'urée n'existe à l'état normal que dans les muscles
des plagiostomes (vous avez sans doute remarqué
que la chair de la raie a une odeur urineuse), dans
les muscles du chien et du lapin ; la taurine et la
leucine se rencontrent dans les muscles du cheval
seulement.

Les corps non azotés comprennent et les corps

producteurs de chaleur, de mouvement et des corps produits par les actions chimiques qui engendrent le mouvement, la chaleur ; nous n'avons point à nous occuper ici ni des uns, ni des autres ; nous trouverons, en étudiant la nutrition, la place qui convient à chaque élément minéral au milieu des actions multiples des ferments, causes et conséquences tout à la fois de l'activité musculaire non seulement chez le taureau, mais également chez tous les animaux.

NEUVIÈME LEÇON

Messieurs,

L'incapacité génitale du bœuf place cet animal dans des conditions toutes particulières au milieu des animaux de son espèce. Le bœuf, en effet, n'est ni mâle ni femelle, il est *bœuf*.

Les muscles du bœuf se composent de :

Matière minérale	7 gr. 5835	p. 1 000.
Matière organique. . . .	277 — 8165	—
Azote.	32 — 099	—
Eau	714 — 60	—
TOTAL	1 000 gr. 0000	

La matière minérale du suc musculaire du bœuf se compose de :

Acide phosphorique . . .	0 gr. 799	
— sulfurique	0 — 34	
Chlore.	1 — 21	
Chaux.	0 — 31	
Magnésie	0 — 40	

8

Potasse . . . . 3 gr. 17
Soude. . . . . 1 — 05
Fer . . . . 0 — 064
Alumine. . . . . 0 — 13
Manganèse. . . . . 0 — 0041
Fluor . . . . 0 — 00054
Silice . . . . 0 — 113

La matière minérale du tissu musculaire se compose de :

Chaux. . . . . 0 gr. 077
Magnésie . . . . 0 — 057

Rapport des éléments minéraux du tissu musculaire entre eux.

Rapport de la magnésie à la chaux . 74 p. 100.

Rapport des éléments minéraux du suc musculaire du bœuf entre eux.

De l'acide sulfurique à l'acide phospho-
rique 42,55   p. 100.
De l'acide phosphorique au chlore . . 66,00   —
De la chaux à la magnésie. 67,00   —
De la soude à la potasse. 33,12   —
Du fer à l'alumine. 49,23   —
Du manganèse au fer 6,406   —
Du fluor au chlore. 0,04463   —
De la silice à l'alumine 86,923   —
Du fer au chlore 10,743   —
De la chaux à la potasse. 9,81   —
De la chaux à la soude 29,54   —

De la magnésie à la potasse   10,81   p. 100.
De la magnésie à la soude.   32,66   —
Du fluor au calcium de la chaux . . .   0,3287   —
De la silice à la potasse   3,564   —
De la silice à la soude.   10,761   —

Comparaison des rapports des éléments minéraux
du suc musculaire du bœuf et du taureau.

	Bœuf.	Taureau.
De l'acide sulfurique à l'acide phosphorique	42,55	37,278
Du chlore à l'acide phosphorique.		82,84
De l'acide phosphorique au chlore.	66,00	
De la chaux à la magnésie . . .	67,00	75,802
De la soude à la potasse	33,12	23,22
Du fer à l'alumine	49,23	61,261
Du manganèse au fer.	6,406	63,235
Du fluor au chlore.	0,04463	0,0857
De l'alumine à la silice		27,68
De la silice à l'alumine.	86,923	
Du fer au chlore.	10,743	8,0857
De la chaux à la potasse	7,255	8,06
De la chaux à la soude.	21,904	34,62
De la magnésie à la potasse, . .	10,81	10,63
De la magnésie à la soude . . .	32,66	45,76
Du fluor au calcium de la chaux.	0,3287	0,328
De la silice à la potasse	3,564	10,525
De la silice à la soude	10,761	45,31

Dès que vous jetez les yeux sur ce tableau, vous
comprenez de suite la différence qui sépare la
minéralisation du suc musculaire du bœuf de la
minéralisation du suc musculaire du taureau ; il

existe un tableau plus significatif encore, c'est le suivant :

ÉLÉMENTS MINÉRAUX DU SUC MUSCULAIRE	RAPPORTS COMPARÉS			
	Vache.	Veau.	Taureau.	Bœuf.
Acide sulfurique à acide phosphorique	88,952	51,93	37,278	42,55
Du chlore à l'acide phosphorique	87,51	56,76	82,84	
De l'acide phosphorique au chlore				66
De la chaux à la magnésie.	35,00	18	75,802	67
De la soude à la potasse.	32,31	44,8	23,22	33,12
Du fer à l'alumine . . .	40,80	46,77	61,261	49,23
Du manganèse au fer . .	6,25	9	63,235	6,406
Du fluor au chlore. . . .	0,0524	0,057	0,0857	0,04463
De l'alumine à la silice .	81,66	97,79	27,68	
De la silice à l'alumine .				86,923
Du fer au chlore.	6,55	6,17	8,0857	10,743
De la chaux à la potasse.	3,56	1,9	8,06	7,25
De la chaux à la soude .	11,02	4,24	34,62	21,904
De la magnésie à la potasse	10,17	10,54	10,63	10,81
De la magnésie à la soude.	31,49	23,52	45,76	32,66
Du fluor au Ca de CaO . .	0,32	0,398	0,3287	0,328
De la silice à la potasse.	1,27	3,05	10,525	3,564
De la silice à la soude. .	2,84	9,44	45,31	10,761

Voyez la constitution minérale des muscles de chacun de ces quatre animaux de la même espèce ! Voyez la constitution minérale de ces quatre animaux à des stades physiologiques différents, à des états physiologiques différents ! Le générateur diffère du gestateur, le produit diffère des deux, et enfin l'émasculé s'éloigne des trois autres. Je suis heureux de pouvoir mettre sous vos yeux attentifs la minéralisation musculaire comparée de ces quatre animaux, soit seize animaux de la même espèce, puisque chaque individu représente nominalement quatre individus, dont les protoplasmes ont tous la même aptitude minérale mais chez lesquels les rapports de participation à la vie des mêmes éléments minéraux sont si différents.

Le phosphore, le soufre, le chlore, le calcium, le magnésium, le potassium, le sodium, le fer, l'aluminium, le manganèse, le fluor, le silicium, sont les éléments communs de la minéralisation musculaire du taureau, de la vache, du veau, du bœuf et j'ajoute de l'homme, de la femme et de l'enfant ; mais le phosphore, le soufre, le chlore, le calcium, le magnésium, le potassium, le sodium, le fer, l'aluminium, le manganèse, le fluor et le silicium sont inégalement répartis dans les muscles de ces êtres divers selon les individus, selon l'âge, selon le sexe, selon, comment dirai-je, selon l'aptitude sexuelle. Deux éléments de la minéralisation des muscles du bœuf font une chute considérable ; l'acide phosphorique et la silice ; par contre, le chlore et l'alumine se trouvent plus élevés. La minéralisation des muscles du bœuf est par certains côtés une minéralisation pathologique ; le bœuf est un déminéralisé ; dans les muscles des animaux que nous avons analysés, le chlore est plus petit que l'acide phosphorique ; chez le bœuf l'acide phosphorique est plus petit que le chlore ; l'acide sulfurique du bœuf s'éloigne de l'acide sulfurique du taureau pour se rapprocher de l'acide sulfurique du veau. Le rapport de la soude à la potasse du bœuf se rapproche du même rapport chez la vache ; les rapports du fer à l'alumine sont voisins chez le bœuf et chez le veau ; les rapports du manganèse au fer se touchent dans les muscles du bœuf et de la vache ; les rapports de la magnésie à la soude sont presque identiques chez le bœuf et chez la vache ; quelle infériorité par rapport au taureau. Par d'autres éléments de sa minéralisation musculaire le bœuf semble se souvenir, cependant, qu'il naquît mâle. Le rapport de la chaux à la magnésie se rapproche beaucoup plus dans les muscles du bœuf du même rapport dans les muscles du taureau que dans les muscles du veau et de la vache ; il en est de même des rapports du fer, du chlore et de la chaux à la potasse ainsi que du rapport de la magnésie à la potasse. Quant aux rapports de la silice à la potasse et de la silice à la soude, le bœuf et le veau se touchent.

La minéralisation totale des muscles du bœuf est moins grande que la minéralisation totale des muscles du taureau, du veau et de la vache.

Les muscles du bœuf contiennent moins de potasse, moins de magnésie et plus de chaux que les muscles de la vache, du taureau et du veau. Comment peut-il se faire que les muscles du bœuf retiennent plus de chaux que les muscles des autres animaux, et moins de magnésie? Nous avons vu que la magnésie suivait la courbe de l'eau et nous avons pensé que cette relation de la courbe de la magnésie et de l'eau provenait de la lenteur de la diffusion des sels magnésiens ; l'eau est petite chez le bœuf, 714 gr. 60 par kilogramme de muscle ; la magnésie est petite également, c'est dans l'ordre ; mais le calcium est plus grand chez le bœuf que chez les autres animaux de son espèce, pourquoi? Nous savons déjà que le calcium n'est pas capable de suppléer le magnésium ; et, tenez, en y réfléchissant, nous pouvons nous demander comment des esprits doués d'un talent d'observation indiscutable, Papillon par exemple, ont pu penser que le strontium, le magnésium étaient capables de remplacer le calcium ; qu'au lieu de sels de calcium vous obteniez expérimentalement dans l'économie animale des sels de magnésium

ou de strontium, rien que de plus naturel, ce sont
là résultats indiscutables de réactions chimiques,
mais il ne viendra à l'idée de quiconque tant soit
peu familiarisé avec les réactions chimiques que
les propriétés des sels de magnésium et de strontium puissent acquérir les propriétés des sels de
calcium par le fait seul que les échanges d'acides
à acides de ces différents oxydes se forment au
sein de l'organisme vivant, autant dire que le radi-
cal cyanogène CAz est l'équivalent physiologique
du chlore, Cl, du brome, Br, de l'iode, I, parce que
le cyanogène donne des composés isomorphes des
chlorures, des bromures et des iodures. L'isomérie physiologique, les suppléances physiologiques
n'existant pas, pourquoi, nous demandons-nous, le
calcium est-il plus grand dans les muscles du bœuf
que dans les muscles des animaux de son espèce,
veau, vache, taureau ? Ce n'est certes pas l'acide
phosphorique non plus que l'acide sulfurique qui
retiennent le calcium dans le suc musculaire du
bœuf, car l'acide phosphorique et l'acide sulfurique
sont plus petits dans les muscles du bœuf que dans
les muscles des animaux de son espèce. Serait-ce
à l'état de chlorure de calcium, étant donné le
chlore plus élevé des muscles du bœuf, que le calcium serait retenu ? C'est plus que douteux, car la
diffusion du chlorure de calcium est plus grande

et plus rapide que la diffusion des autres sels de
calcium ; le potentiel dialytique du chlorure de
calcium est plus faible que le potentiel dialytique
des autres sels de calcium. Si les sels minéraux du
calcium ne peuvent retenir le calcium dans le suc
musculaire du bœuf, soit à cause de la faiblesse
pondérale des acides, soit à cause de leur diffusibilité, force nous est bien de penser aux combinaisons organiques, aux combinaisons organiques à
potentiel dialytique élevé, à faible diffusibilité. En
effet, les lactates acides de calcium, outre qu'ils se
dédoublent par la dialyse en sels neutres et en sels
acides, sont diffusibles à l'état de sels acides ; les
glucosates de chaux sont moins diffusibles que les
lactates et les albuminates de chaux sont de toutes
les combinaisons organiques du calcium les moins
diffusibles, celles dont le potentiel dialytique est
le plus élevé ; nous devons donc croire que le calcium est retenu dans le suc musculaire du bœuf à
l'état d'albuminate de chaux, c'est-à-dire à l'état
de combinaison de l'oxyde de calcium avec la
matière protéique.

L'albuminate de chaux, vous le savez, est un ferment hydratant, c'est une diastase ; quel besoin
peuvent avoir les muscles du bœuf d'une diastase
musculaire abondante, répandue dans le suc du
muscle, alors qu'il reste dans les muscles peu de

corps ternaires, comme nous le verrons par la suite, alors qu'il reste dans les muscles peu de matière fermentescible. Comme tout se tient dans la constitution d'un individu, je suis bien obligé d'empiéter un peu sur la physiologie générale du bœuf pour vous expliquer la présence d'une plus grande quantité de chaux dans les muscles du bœuf que dans les muscles des autres animaux de son espèce. La chaux n'est pas seulement pondéralement plus grande dans les muscles du bœuf que dans les muscles des autres animaux ; la quantité de chaux est encore considérable dans les muscles du bœuf par rapport à la magnésie. En effet, si nous prenons la chaux des muscles des trois bovidés que nous avons analysés, nous trouvons que leur chaux musculaire moyenne est de 28 p. 100 par rapport à leur magnésie musculaire, tandis que la chaux des muscles du bœuf est de 77 p. 100 par rapport à la magnésie. Pour mieux montrer la valeur de la relation de la chaux et de la magnésie dans les muscles du bœuf, laissons de côté les muscles de la vache et du veau et prenons uniquement la relation de la chaux et de la magnésie chez le taureau, qui doit être l'expression la plus complète de la vitalité du genre bovidé. Le rapport de la chaux musculaire à la magnésie musculaire du taureau est de 18 p. 100. Les muscles du bœuf contiennent donc, par rapport à la magnésie, quatre fois plus de chaux que les muscles du taureau et près de trois fois plus (2.85) que les muscles des autres bovidés.

La magnésie est plus petite dans les muscles du bœuf que dans les muscles des autres bovidés ; la magnésie musculaire du bœuf atteint presque la magnésie musculaire de la vache, mais je ne veux pas faire de comparaison affligeante pour la vache, de sorte que l'étude de la chaux musculaire du bœuf se double de l'étude de la magnésie ; comme je vous le disais il y a un instant, la moindre quantité de magnésie des muscles du bœuf s'explique par la plus petite quantité d'eau présente dans le milieu musculaire ; c'est là une explication des plus sérieuses assurément puisqu'elle s'applique aux muscles de l'homme et des animaux, mais le bœuf a d'autres raisons pour ne pas retenir la magnésie, parmi ces raisons, la principale, c'est que la magnésie lui est moins nécessaire qu'au taureau, qu'à la vache, qu'au veau. En effet, le taureau, dont les fonctions génitales sont en état permanent d'activité, la vache, soit qu'elle s'applique à la germination de son ovule fécondé, soit qu'elle allaite, soit que simplement le produit de ses mamelles devienne un objet commercial, le taureau et la vache font une consommation considérable de chaux et de magnésie; la semence animale contient en effet beaucoup de magnésie et de chaux ; la gestation utilise beaucoup de chaux et de magnésie, ainsi que la sécrétion lactée. Ne pourrait-on pas attribuer la tristesse, l'espèce d'abattement, de courbature, qui accompagne les rapports sexuels à la perte de la chaux et de la magnésie, de la chaux élément protoplasmique par excellence, de la magnésie, élément de constitution des nucléines ? Je vous ai démontré antérieurement que plus les tissus étaient riches en nucléines, plus ils étaient riches en magnésie depuis le leucite chlorophyllien jusqu'à la substance grise des centres nerveux. Or, le bœuf n'a aucun des doux soucis du taureau ou de la vache ; il est incapable d'engendrer ; il est inutile pour la germination. Que ferait-il des éléments destinés à provoquer, à favoriser l'éclosion de son semblable. Il puise peu dans son sol la magnésie qui lui devient relativement indifférente ; il fait des réserves musculaires de chaux qu'il emploie comme il peut, notamment au développement exagéré des cornes; voyez les cornes courtes, amincies, d'un taureau ; voyez les longues et robustes cornes du bœuf! Si ces phanères sont chez le bœuf le signe de son impuissance génésique, elles deviennent un point d'appui solide pour le joug, et le bœuf dépense au profit de l'homme les forces que l'homme lui interdit de gaspiller pour ses appétits. La chaux combinée à la matière protéique, l'albuminate de chaux, se trouve dans les muscles du bœuf dans le même état que beaucoup d'autres ferments chez les végétaux ou chez les animaux qui demeurent inactifs faute de matière fermentescible ; ils sont alors une réserve au même titre que d'autres combinaisons protéiques, réserve où peuvent puiser les différentes fonctions de l'économie. Tout ceci est fort abrégé et presque abstrait, mais je ne puis, à propos des muscles, faire la physiologie entière de l'individu et force m'est bien de m'exprimer succinctement. Mais encore la chaux ne serai-telle pas une nécessité chimique dans les muscles du bœuf? Ne serait elle pas à côté de la soude plus grande pour remplacer la potasse, plus petite que chez les autres bovidés? Il semble, en effet, que plus les corps ternaires, les corps non azotés sont abondants dans le muscle, plus la potasse est également abondante. Les muscles du veau riches en corps ternaires, en glycogène, sont riches en potasse. La potasse et la magnésie étant plus petites dans le muscle du bœuf que dans le muscle des autres bovidés, la chaux et la soude arrivent comme équivalents chimiques pour aider à la neutralisation du suc musculaire. Le bœuf travaille ; le travail, c'est un fait acquis, augmente l'acidité du milieu musculaire.

La potasse musculaire du bœuf est de 3 gr. 17 ;

la soude, 1 gr. 05 ; la chaux, 0 gr. 31 ; la magnésie 0 gr. 403.

$$
\begin{array}{rl}
\text{Total des bases alcalines.} & \quad 4\ \text{gr.}\ 22 \\
\text{Total des bases terreuses.} & \quad 0 - 712 \\
\hline
\text{Total des bases.} & \quad 4\ \text{gr.}\ 932
\end{array}
$$

Rapport de la chaux aux bases alcalines. . 7,34 p. 100.
Rapport de la magnésie aux bases alcalines. 9,54 —

La potasse musculaire du taureau est de 3 gr. 85 ; la soude de 0 gr. 894, la chaux de 0 gr. 0985 ; la magnésie de 0 gr. 543.

$$
\begin{array}{rl}
\text{Total des bases alcalines.} & \quad 4\ \text{gr.}\ 744 \\
\text{Total des bases terreuses.} & \quad 0 - 6415 \\
\hline
\text{Total des bases.} & \quad 5\ \text{gr.}\ 3855
\end{array}
$$

Rapport de la chaux aux bases alcalines . 2 p. 100.
Rapport de la magnésie aux bases alcalines. 11,39 —

Les bases terreuses sont donc plus abondantes dans les muscles du bœuf que dans les muscles du taureau.

Les muscles du taureau contiennent 0 gr. 68 de potasse p. 100 de plus que les muscles du bœuf ; les muscles du bœuf, par contre, contiennent 0 gr. 156 de soude de plus que les muscles du taureau ; est-il utile de vous faire remarquer que 156 milligrammes de soude ne peuvent point suppléer 68 centigrammes de potasse.

Les muscles du bœuf contiennent 0 gr. 31 de chaux ; les muscles du taureau contiennent 0 gr. 098 de chaux ; par contre, les muscles du taureau possèdent 0 gr. 543 de magnésie, alors que les muscles du bœf n'en possèdent que 0 gr. 403. Les muscles du bœuf contiennent donc 0 gr. 212 de chaux de plus que les muscles du taureau, et les muscles du bœuf contiennent 0 gr. 140 de magnésie de plus que les muscles du taureau, que nous avons pris ici comme unique point de comparaison avec le bœuf.

Les 0 gr. 68 de potasse se composent de 0 gr. 564 de potassium plus l'oxygène ; il faut 0 gr. 5895 de sodium pour équivalent à 1 de potassium ; or les 0 gr. 156 de soude excédant dans les muscles du bœuf contiennent 0 gr. 1157 de sodium ; il faudrait 0 gr. 329 de sodium pour remplacer les 0 gr. 564 de potassium des 0 gr. 68 de potasse excédant dans les muscles du taureau ; la soude seule des muscles du bœuf ne peut donc point remplacer l'excès relatif de potasse des muscles du taureau.

Les 0 gr. 31 de chaux des muscles du bœuf se composent de 0,221 de calcium plus l'oxygène ; les 0 gr. 543 de magnésie des muscles du taureau se composent de 0 gr. 3258, de magnésium plus l'oxygène ; il faut 60 de magnésium pour équivalent à 1 de calcium ; il faudra donc 0 gr. 1326 de magnésium pour remplacer les 0 gr. 221 de calcium des muscles du bœuf ; mais nous avons pour balancer les 0 gr. 3258 du magnésium des muscles du taureau, le magnésium des 0 gr. 403 de magnésie des muscles du bœuf, soit 0 gr. 2418 de magnésium qui, ajoutés aux 0 gr. 1326 qui équivalent à 0 gr. 221 de calcium, nous donnent 0 gr. 3744 de magnésium, mais nous n'avons pas tenu compte des 0 gr. 098 de chaux que contiennent les muscles du taureau et qui peuvent être suppléés par 0 gr. 04126 de magnésium qui, soustraits de 0 gr. 3744, nous donnent 0 gr. 333, nombre très rapproché de 0 gr. 3258 du magnésium des muscles du taureau. Un de potassium est suppléé par 0 gr. 5129 de calcium et 0 gr. 3076 de magnésium. Il nous faudrait 0 gr. 289 de calcium pour suppléer les 0 gr. 564 de potassium représentant les 0 gr. 68 de potasse excédant des muscles du taureau sur les muscles du bœuf ; la chaux du bœuf ne peut nous fournir que 0 gr. 221 de calcium, mais il est bon de nous rappeler que l'excédent de la soude du bœuf sur la soude du taureau représentait déjà un tiers de l'excédent du potassium des muscles du taureau, de sorte que la chaux et la soude maintiennent l'alcalinité relative du milieu musculaire du bœuf, tandis que cette alcalinité est due pour la plus grande partie à la potasse et à la magnésie dans le milieu musculaire du taureau.

*Rapports entre les bases terreuses et alcalines
du taureau et du bœuf :*

Taureau . . . .   13,31 p. 100.
Bœuf. . . . .   16,87 —

Les bases terreuses participent à l'alcalinité du
milieu musculaire dans la proportion de 13,31
p. 100 chez le taureau et de 16,287 p. 100 chez le
bœuf. La minéralisation musculaire du bœuf contient une plus grande proportion de métaux à chaleur spécifique élevée que la minéralisation musculaire du taureau.

N'allez pas vous y méprendre ; n'allez pas croire
que je veuille dire par ce que je viens de vous
exposer que la chaux et la soude suppléent physiologiquement la potasse et la magnésie ou réciproquement, non ; la soude, la potasse et la chaux et
la magnésie peuvent se suppléer par poids atomiques à poids atomiques, mais la matière protéique combinée à la chaux subit le choc moléculaire
du calcium comme elle subit d'ailleurs le choc du
potassium et le muscle du bœuf, la chair du bœuf
n'est point ni la chair du taureau, ni la chair de la
vache, ni la chair du veau ; les ménagères l'avaient
constaté longtemps avant la chimie ; toutefois il
me semble intéressant de connaître pourquoi les

ménagères avaient raison. En résumé, les muscles du bœuf retiennent la chaux parce que physiologiquement ils n'en trouvent point l'emploi ; parce que les corps ternaires étant peu abondants dans les muscles du bœuf, la présence de la potasse y est moins nécessaire, la chaux remplace la potasse dans une certaine mesure ; la chaux est aussi un fixateur d'azote sans égal, comme je vous le démontrerai plus tard ; de fait, les muscles du bœuf sont plus riches en azote que les muscles du taureau, que les muscles de la vache, que les muscles du veau. Les muscles du bœuf contiennent 32 gr. 099 d'azote par kilogramme.

La matière organique des muscles du bœuf se compose de :

<pre>
Corps azotés . . . . . . 113 p. 1000.
Corps non azotés   64   —
</pre>

Rapport de la matière minérale totale à la matière organique . . . . 2,72 p. 100.

Rapport de la matière minérale totale à l'azote. 23,62   —

Pouvons-nous déduire du rapport de la totalité de la matière minérale à l'azote musculaire du bœuf une relation de cause à effet de la matière minérale prise dans son ensemble avec l'azote. Non, nous ne le pouvons pas ; il m'a été impossible d'éta-

blir aucune relation entre la matière minérale totale
et l'azote des nombreux végétaux ou des nombreux
animaux que j'ai analysés ; l'azote est à la merci
de la minéralisation non point que l'azote corresponde soit à un poids déterminé de matière minérale, soit à l'un quelconque des éléments de la minéralisation plutôt qu'à un autre, le poids de l'azote
fixé est le résultat de l'action des éléments minéralisateurs entre eux et mieux le poids de l'azote que
l'on rencontre dans les tissus des végétaux et des
animaux est le résultat pour chaque végétal, pour
chaque animal, pour chaque tissu pris en particulier, de l'action de la dominante minérale de chaque
végétal, de chaque animal, de chaque tissu ; je
veux dire qu'ici la potasse fixera de l'azote sous
une certaine forme ; là la chaux fixera l'azote sous
une autre forme ; ici nous aurons de l'azote sous
la forme de corps amidés provenant de la décomposition de la matière protéique ; là nous aurons
de l'azote provenant d'une combinaison de la matière protéique peu dialysable, peu diffusible ; au
total, ce sera de l'azote du végétal, de l'animal, du
tissu dans son ensemble, mais cet azote sera divers ;
ainsi pour le bœuf nous ne pouvons pas nous
attendre à trouver dans son muscle l'azote dans le
même état que dans le muscle du veau par exemple
où dominent la potasse et la soude et la magnésie

avec peu de chaux ; à moins que nous n'admettions que la potasse et la soude, dissolvants et oxydants à des degrés différents de la matière azotée, agents minéraux des sucs organiques, ne soient les vecteurs de la matière azotée que la chaux leur emprunterait par précipitation, précipitation retenue par la matière azotée elle-même sous la forme d'un bi-sel, d'un sel acide, légèrement acide, dont la cohésion serait des plus fragiles.

L'azote musculaire du veau est 30,166 et l'azote musculaire du bœuf est 32,099. Le rapport de la magnésie musculaire du bœuf à la magnésie musculaire du veau est de 67,65 p. 100, le rapport de la chaux musculaire du veau à la chaux musculaire du bœuf est de 55,87 p. 100.

Le rapport de l'azote du veau à l'azote du bœuf est de 93 p. 100 ; si nous tenons compte, et nous y sommes obligés, des poids atomiques respectifs du magnésium, du calcium et du potassium, nous sommes obligés de reconnaître que l'azote semble suivre les oscillations des bases terreuses et principalement de la chaux dans les muscles des animaux.

DIXIÈME LEÇON

Messieurs,

Nous venons de finir l'analyse minérale des muscles d'une famille de bovidés. Je dis d'une famille, car nous avons étudié la minéralisation musculaire du père, de la mère, de leurs petits. Nous avons aussi analysé les muscles du bœuf, du bœuf instrument de travail puissant, aliment minéral de premier ordre, à cause de la quantité de chaux et de soude qu'il contient par rapport aux autres bovidés analysés.

Nous commencerons aujourd'hui l'analyse minérale des muscles de deux familles nouvelles en commençant par le gestateur, par la mère ; nous analyserons les muscles de la brebis et de la chèvre. Il eût été intéressant pour nous de pouvoir analyser les muscles du bœuf musqué d'Amérique, l'ovibos de de Blainville qui sert de transition entre les bovidés et les ovidés ; nous n'avons pas pu nous procurer les éléments de cette analyse. La brebis et la chèvre sont fort proches, proches au point que le genre mouton et le genre chèvre sont capables d'engendrer des métis féconds. La forme des cornes peut servir de caractère différentiel entre le genre mouton et le genre chèvre de l'ordre des ruminants ; la direction des cornes, leur forme, leur aspect n'est point le même, en effet, chez le genre mouton et chez le genre chèvre. Les cornes des moutons, de la chèvre, de l'ovibos, de l'anti-lope, sont un prolongement des sinus frontaux ; ce caractère manque chez les autres ruminants. Tous les ruminants sont, en somme, construits sur le même modèle ; ils forment un groupe naturel nettement déterminé, distinct, au milieu des autres mammifères.

La minéralogie biologique saura-t-elle nous aider à reconnaître le muscle d'une brebis du muscle d'une chèvre ? La minéralogie biologique pourra-t-elle rapprocher ou éloigner les genres les uns des autres ? Ou bien les caractères minéralogiques de l'ordre zoologique seront-ils ainsi répartis dans les genres que le même tissu ne présente pas dans l'or-dre zoologique des différences d'aptitudes miné-rales, mais seulement une participation variable des éléments minéraux à la vie ?

Il n'existe pas une aptitude minérale propre au

genre mouton ou au genre chèvre différente de
l'aptitude minérale du genre bœuf ; il existe seulement pour la brebis et la chèvre, indépendamment
de la minéralisation propre au sexe, une participation variable des éléments minéraux à la vie ;
tout au moins l'analyse minérale des muscles de la
brebis et de la chèvre semble l'indiquer ; en ce
qui concerne les muscles de la brebis et de la
chèvre, les caractères minéralogiques de l'ordre
zoologique se maintiennent. Peut-être y a-t-il une
minéralisation faite de métaux rares qui distingue
les genres les uns des autres, mais je vous l'ai déjà
dit, cette minéralisation fera l'objet d'une étude
spéciale lorsque nous serons arrivés à la fin de
l'analyse minérale des différents tissus, au moment
de commencer l'étude de la nutrition normale de
l'homme et des animaux. Et puis ne croyez pas
qu'un métal rare soit toujours l'expression d'un
caractère différentiel d'une espèce, d'une famille
à une autre espèce, à une autre famille, telles que
les ont faites les botanistes et les zoologistes. Ainsi
le lithium est relativement abondant dans le raisin,
dans les feuilles de la vigne et dans le tabac ; or, je
ne sache pas qu'il soit admis une parenté quelconque
entre les ampelidées (Ampelos) de Kunth et les
solanées, particulièrement dans le genre nicotiane.
La vigne de Judée, la *douce amère*, dont les baies

sont vénéneuses, me paraît aussi éloignée, même
de (*l'ampelis hedœracea* (vigne vierge), que le raisin
de renard (*vitis vulpina*), de la pomme de terre
(*solanum tuberosum*). Voulez-vous un autre exemple?
Le rubidium se rencontre dans le tabac, dans le
café, dans le thé, abondamment dans la betterave ;
or le tabac appartient à la famille des solanées, le
café appartient à la famille des rubiacés, le thé à
la famille des camelliacées de Candolle, la betterave à la famille des chénopodées. Je vous le
demande, je le demande aux botanistes, laquelle
des deux sciences a tort, a raison, de la phytolo-
gie ou de la minéralogie biologique? Pouvons-nous,
devons-nous admettre que les solanées et les ampelidées, les rubiacées, les camelliacées et les chénopodées sont des familles végétales liées par des caractères communs, capables avec d'autres familles
sans doute de former un ordre botanique, comme
les ruminants forment un ordre zoologique ? Dieu
me garde de douter un seul instant de la perspica-
cité et du savoir des botanistes, dont plusieurs
furent, çomme d'autres restent la gloire de la
science d'observation ; mais, malgré tout le respect
que je dois à de si grands esprits, à des observa-
teurs si profonds, ce que je sais de minéralogie
biologique m'empêche de considérer les membres
des différentes familles que je viens de vous citer

comme tout à fait étrangers les uns aux autres ;
pour nous, le lithium unit le tabac à la vigne ; le
rubidium unit le café au thé, le café et le thé à la
betterave, etc. Est-ce que toutes les plantes exogènes seraient liées, par une minéralisation commune, au lithium et au rubidium ? Non certes, car
des plantes exogènes ont des aptitudes minérales
absolument différentes d'autres plantes exogènes ;
contrairement aux plantes exogènes que je viens de
vous citer, les violariées, plantes exogènes comme
les précédentes, ont une aptitude spéciale pour le
zinc et non point pour le lithium et le rubidium ;
la *viola calaminaria*, comme je vous l'ai dit dans la
onzième leçon de la première année de ce cours,
est à tel point friande de zinc que sa présence sur
un terrain quelconque indique à n'en pas douter
la richesse en zinc de ce terrain. Quoi d'étonnant,
alors, que nous ne trouvions dans l'ordre des ruminants dont les caractères sont si nettement tranchés
que variabilités de participation des éléments minéraux à la vie au lieu d'aptitudes minérales différentes. Et si vous me demandiez comment il peut
se faire que la même matière minérale différemment
utilisée puisse donner la laine au mouton, le poil à
la chèvre, etc., je vous demanderais comment il peut
se faire que l'eau à l'état liquide produise la force
qui donne le mouvement à une foule d'industries,

que l'eau à l'état de vapeur vous transporte en quelques heures d'un bout de la France à l'autre bout ; comment le gaz de la houille vous éclaire, comment il met en mouvement un moteur ; c'est la même eau qui pousse le moulin et entraîne le chemin de fer, sous un état physique différent ; c'est le même gaz qui pousse le moteur et c'est le même gaz qui vous éclaire. Il en est ainsi de la matière minérale ; un changement dans son état physique engendre des mouvements physiques différents et le changement provient soit de l'intervention des éléments minéralisateurs communs, soit de la plus grande diffusion des mêmes éléments de minéralisation.

Les faits sont plus éloquents que les paroles ; passons aux faits.

Éléments minéraux du suc musculaire de la brebis.

Acide phosphorique . .	0 gr. 811	p. 1 000.	
— sulfurique. . . .	0 — 333	—	
Chlore	0 — 445	—	
Chaux	0 — 328	—	
Magnésie	0 — 43	—	
Potasse.	3 — 77	—	
Soude	1 — 42	—	
Fer.	0 — 063	—	
Alumine	0 — 11	—	
Manganèse	0 — 0039	—	
Fluor.	0 — 00072	—	
Silice.	0 — 186	—	

Éléments minéraux du tissu musculaire de la brebis.

Chaux. . . . . 0 gr. 08 p. 1000.
Magnésie . . . . 0 — 037   —

Le muscle de la brebis se compose de :

Matière minérale.   8,055
Matière organique   258,145
Eau.   733,80
          TOTAL 1 000,000

L'azote musculaire de la brebis est de 27 gr. 03 par kilogramme de viande fraîche.

Rapport des éléments minéraux du suc musculaire
de la brebis entre eux.

De l'acide sulfurique à l'acide phos-
phorique. 41   p. 100.
Du chlore à l'acide phosphorique . . 54,87   —
De la chaux à la magnésie.   76,27   —
De la soude à la potasse.   37,93   —
Du fer à l'alumine.   56,36   —
Du manganèse au fer   6,19   —
Du fluor au chlore   0,1618   —
De l'alumine à la silice 59,13   —
Du fer au chlore   14,15   —
De la chaux à la potasse.   8,75   —
De la chaux à la soude   25,91   —
De la magnésie à la potasse . . .   11,40   —
De la magnésie à la soude.   30   —
Du fluor au calcium de la chaux . .   0,30   —
De la silice à la potasse   4,93   —
De la silice à la soude   13,00   —

*Rapport des éléments minéraux du tissu musculaire
entre eux.*

Rapport de la magnésie à la chaux. .   46,25 p. 100
Rapport de la matière minérale totale
   à la matière organique   3,15   —
Rapport de la matière minérale totale
   à l'azote.   29,8   —

Éléments minéraux du suc musculaire de la chèvre.

Acide phosphorique . . .   1 gr. 048   p. 1000.
  — sulfurique . . . . .   0 — 34   —
Chlore. . . . .   0 — 518   —
Chaux. . . . .   0 — 19   —
Magnésie . . . .   0 — 526   —
Potasse . . . . :   5 — 00   —
Soude. . . . .   1 — 44   —
Fer . . . .   0 — 0679   —
Alumine. . . : . . : : :   0 — 113   —
Manganèse. . . . . . .   0 — 0042   —
Fluor . : . . . .   0 — 00043   —
Silice . . . .   0 — 125   —

Éléments minéraux du tissu musculaire de la chèvre.

Chaux . . . .   0 gr. 06   p. 1000.
Magnésie . . . .   0 — 036   —

Le muscle de la chèvre se compose de :

Matière minérale . . .   9 gr. 4959 p. 1000.
Matière organique . .   253 — 5041   —
Eau . . . .   737 — 0000   —
        TOTAL. . . . .   1000 gr. 1000   —

*Rapport des éléments minéraux du suc musculaire
de la chèvre entre eux.*

De l'acide sulfurique à l'acide phosphorique	32,40	p. 100.
Du chlore à l'acide phosphorique. . . .	49,42	—
De la chaux à la magnésie.	36,00	—
De la soude à la potasse.	28,80	—
Du fer à l'alumine	60,00	—
Du manganèse au fer	6,18	—
Du fluor au chlore	0,083	—
De l'alumine à la silice	90	—
Du fer au chlore	13,10	—
De la chaux à la potasse	3,80	—
De la chaux à la soude	13,19	—
De la magnésie à la potasse	10,52	—
De la magnésie à la soude.	36,52	—
Du fluor au calcium de la chaux. . . .	0,318	—
De la silice à la potasse.	2,50	—
De la silice à la soude.	8,67	—

Rapport des éléments du tissu musculaire entre eux.

Rapport de la magnésie à la chaux . . .	60	p. 100.
Rapport de la matière minérale totale à la matière organique.	3,74	—
Rapport de l'eau musculaire de la brebis à l'eau musculaire de la chèvre. . . .	99,56	—

*Comparaison des rapports des éléments minéraux
des muscles de la brebis et de la chèvre.*

	Brebis. p. 100	Chèvre. p. 100
De l'acide sulfurique à l'acide phosphorique	41	32,40
Du chlore à l'acide phosphorique . .	54,87	49,42

	Brebis. p. 100 .	Chèvre. p. 100
De la chaux à la magnésie	76,27	36,00
De la soude à la potasse	37,93	28,80
Du fer à l'alumine.	56,36	60,00
Du manganèse au fer.	6,19	6,18
Du fluor au chlore.	0,1618	0,083
De l'alumine à la silice.	59,13	90,00
Du fer au chlore.	14,15	13,10
De la chaux à la potasse	8,75	3,80
De la chaux à la soude.	25,91	13,19
De là magnésie à la potasse	11,40	10,52
De la magnésie à la soude	30,00	36,52
Du fluor au calcium de la chaux . .	0,30	0,318
De la silice à la potasse	4,93	2,50
De la silice à la soude	13,00	8,67

*Comparaison des rapports des éléments minéraux
du tissu musculaire de la brebis et de la chèvre entre eux.*

	Brebis. p. 100	Chèvre. p. 100
Rapports de la magnésie à la chaux .	46,25	60,00

La minéralisation des muscles de la brebis et de
la chèvre paraît être, au point de vue de la participation des éléments minéraux à la vie, comme le
reflet de la minéralisation musculaire des ruminants bovidés que nous venons d'analyser. La brebis et la chèvre conservent la minéralisation propre
à leur sexe, c'est-à-dire une abondance relative de
bases alcalines ; pour le reste de la minéralisation,
la brebis et la chèvre procèdent tantôt du taureau,
tantôt de la vache, tantôt du veau et même parfois

de la minéralisation particulière de cet infirme
qui est le bœuf. Lorsque j'ai placé les analyses minérales des muscles des bovidés et des ovidés, en
regard les unes des autres, j'ai été étonné à la vue
de tant de points de contact entre la minéralisation
musculaire de ces animaux divers. Voici quelques
exemples :

Le rapport de l'acide sulfurique à l'acide phosphorique est de 41 chez la brebis, de 42 chez le
bœuf ; le rapport de la chaux à la magnésie est de 36
chez la chèvre et de 35 chez la vache ; il est de 76
chez la brebis et de 75 chez le taureau ; le rapport du fer à l'alumine est de 60 chez la chèvre et
de 61 chez le taureau ; le rapport de la chaux à
la potasse est de 8,75 chez la brebis et de 8,06 chez
le taureau : le rapport de la magnésie à la potasse
est de 11,40 chez la brebis, de 10,52 chez la chèvre
et de 11,02 chez la vache ; le rapport de la magnésie à la soude est de 30 chez la brebis, de 36,52 chez
la chèvre, de 31,49 chez la vache et de 32,66 chez
le bœuf. Vous pourrez vous rendre compte par les
exemples que je viens de vous citer de la simili-
tude de la minéralisation musculaire des ruminants ; des nuances de minéralisation avec des différences de niveau de l'eau, pour ainsi parler,
constituent les individualités qui forment les
espèces, c'est-à-dire les individus doués de carac-

tères communs héréditaires. Nous voilà encore ramenés par la force des choses, voilà la minéralogie biologique ramenée en face d'un des plus redoutables problèmes de la philosophie des sciences naturelles. Suivez bien, je vous prie, mon raisonnement : l'espèce est déterminée par des caractères communs à un groupe d'individus capables de les répéter par hérédité ; or, les mammifères forment le premier embranchement des vertébrés ; les mammifères, la classe des mammifères se divise en deux sous-classes : les placentaires ou monodelphiens et les aplacentaires ou didelphiens ; nous n'avons pas à nous occuper, pour le moment, des aplacentaires. Les placentaires se divisent en trois groupes : les onguiculés, les ongulés, les pisiformes. Les onguiculés se divisent en sept ordres, dont le premier contient l'homme seulement ; nous avons analysé les muscles de l'homme ; l'analyse des six autres ordres viendra à mesure que l'un des types de ces ordres se présentera à notre étude ; les ongulés se composent de deux ordres : les pachydermes et les ruminants. Les ruminants se subdivisent en deux sections : les ruminants sans cornes, dont le chameau, le lama sont des types ; les ruminants avec cornes, dont le cerf, le bœuf, la chèvre sont des types. Les ruminants avec cornes se subdivisent en trois tribus : les ruminants à cornes caduques, les ruminants à cornes velues dont la girafe est le seul spécimen et enfin les ruminants à cornes creuses dont le bœuf, le mouton et la chèvre forment des genres que nous avons analysés. Le genre est une réunion d'espèces ; je ne tiens pas à ouvrir la porte aux philosophes qui considèrent le genre, l'espèce, l'ordre, la classe, la tribu, la famille comme une heureuse invention de notre esprit ; ils sont peut-être trop absolus. Cependant que nous enseigne la minéralogie biologique ? Que la minéralisation musculaire des ruminants à cornes creuses, que la minéralisation du type bœuf, du type mouton et du type chèvre se rapprochent suffisamment pour nous permettre de considérer le bœuf, le mouton et la chèvre comme faisant partie d'un tout dans lequel la matière minérale a été disséminée presque au prorata de l'eau capable de la dissoudre, de la diffuser. Il est certain que devant la minéralogie biologique nombre d'espèces végétales et animales s'effacent ; le genre quelquefois, les sous-classes, les groupes, les ordres s'effacent devant la minéralogie biologique qui réunit les êtres en classes, en embranchements ; les sages, les philosophes aux larges vues avaient peut-être raison ; les savantes divisions que nous établissons parmi les végétaux et les animaux pour faciliter nos études sont de pures spéculations de

notre esprit. Qui oserait le nier après la démonstration que je vous ai faite de l'identité de la composition du protoplasme universel ! Toujours est-il
que les muscles du genre des ruminants à cornes
creuses ont une composition minérale identique;
ils ne diffèrent que par le degré de participation
des mêmes éléments minéraux à la vie. Que devient
l'espèce, que devient la famille en présence de tels
résultats analytiques. Vous m'avez souvent entendu
dire que la minéralisation variait d'un individu
à un autre individu, d'une espèce à une autre
espèce ; oui, sans doute ; que la minéralisation était
faite pour tous les êtres vivants des mêmes éléments
minéraux biodynamiques ; oui, sans doute ; et, ces
deux propositions opposées, cette antithèse apparente se marient admirablement si vous voulez
bien considérer que la même matière minérale préside à la naissance et à l'entretien de la vie de tous
les êtres en général et que la participation à la vie
des mêmes éléments minéraux caractérise les
individus, les espèces ; le plan de la vie est unique
Il existe certains individus, certaines espèces qui,
à côté de la minéralisation propre aux êtres vivants
en général, ont une aptitude minérale particulière,
tels les végétaux dont je vous parlais il y a un instant, tel le poulpe dont le cuivre est le vecteur de
l'oxygène à travers son organisme ; alors je n'hé-

site pas, quels que soient les autres caractères qui les éloignent, à faire des individus qui ont une aptitude minérale propre un *groupe* particulier ; car, en dehors de toutes autres propriétés, ils ne sauraient vivre complètement dans leur milieu actuel si on leur retirait le métal qui assure les échanges réguliers avec leur protoplasme.

Nous voici loin de la brebis et de la chèvre ; nous y revenons.

Je vous ai dit que le trait caractéristique de la minéralisation de la femme et des femelles des animaux était la richesse de leurs muscles en bases alcalines.

Les muscles de la chèvre contiennent 6 gr. 44 de bases alcalines pour 1 kilogramme ; les muscles de la brebis contiennent 5 gr. 19 de bases alcalines par kilogramme.

Il n'est pas inutile de vous faire remarquer que la minéralisation de la brebis se rapproche sensiblement de la minéralisation du bœuf, sous certains rapports. Ainsi le rapport des bases terreuses aux bases alcalines est pour la brebis de 15,45 p. 100 et de 16,87 p. 100, pour le bœuf, par conséquent assez rapproché d'un animal à l'autre, surtout, si nous tenons compte du sexe. Au contraire, le rapport des bases terreuses aux bases alcalines est de 12,76 pour la chèvre et de 13,31 pour le taureau ; d'où il suit que les muscles de la brebis sont un aliment minéral supérieur aux muscles de la chèvre à cause de la soude et de la chaux plus grandes dans les muscles de la brebis que dans les muscles de la chèvre.

Vous souvenez-vous de nos leçons de l'année dernière ? Nous avions constaté que parmi les végétaux dont l'homme avait fait choix dans la suite des temps, comme les meilleurs pour sa nourriture étaient précisément les végétaux chez lesquels l'analyse dosait la plus grande somme de chaux ou de soude ; il en est de même pour les animaux ; la viande du bœuf est la première des viandes pour la nourriture de l'homme et après la viande du bœuf vient la viande du mouton ; jusqu'ici on avait basé les qualités des viandes sur la quantité de l'azote qu'elles contenaient ; l'azote du bœuf est en effet plus grand que l'azote du mouton, mais coïncidence singulière, la chaux, la soude sont également plus grandes chez le bœuf que chez le mouton. Je n'ai pas encore fait passer sous vos yeux un nombre suffisant d'analyses minérales des tissus animaux pour vous convaincre de la supériorité de la qualité de la matière minérale sur la quantité de l'azote dans le choix des animaux comme élément de nourriture, mais ne comptez pas que l'azote seul pourra, dans l'avenir, vous servir à déterminer, en dehors de la minéralisation biologique, la qualité alimentaire d'une viande. Tenez, prenons le hanneton pour exemple : votre cuisinière ne vous a sans doute pas offert souvent un plat de ces lamellicornes ; elle a eu tort, vous allez le comprendre, si l'azote seul doit déterminer le choix et la valeur de votre nourriture ; en effet, pris dans son ensemble, le hanneton frais contient 35 grammes d'azote par kilogramme, tandis que le bœuf n'en contient que 32 grammes et le mouton 27 grammes pour le même poids; donc le hanneton est, comme aliment, de beaucoup supérieur au bœuf, au mouton ; mais le bœuf contient 43 p. 100 de soude de plus que le hanneton, à poids égal, mais le bœuf contient, à poids égal, 97 p. 100 de chaux de plus que le hanneton ; voilà pourquoi le bœuf, le mouton, la brebis sont un aliment de beaucoup supérieur au hanneton, quoique le hanneton contienne 9 p. 100 d'azote de plus que le bœuf, 23 p. 100 d'azote de plus que le mouton.

ONZIÈME LEÇON

DÉMINÉRALISATION ET REMINÉRALISATION DE L'HOMME.
— SPÉCIFIQUE MINÉRAL DES MALADIES BACTÉRIENNES
DE L'HOMME

Messieurs,

Pendant les quatre premières années du cours
de minéralogie biologique, nous avons fait exclusivement de l'analyse, de la spéculation. Nos connaissances en minéralogie biologique sont encore
fort restreintes ; cependant, telles qu'elles sont,
elles vont nous permettre, cette année, d'appliquer
la minéralogie biologique à la reconstitution de
l'homme, à la préparation, nous en avons le ferme
espoir, d'un état social meilleur, car tant vaut la
résistance physique des individus, tant vaut l'espèce, et comme l'homme physique est doublé d'un
être moral, sociable, tant vaudra l'homme, tant
vaudra l'agrégat humain appelé *société*. La minéralogie biologique va nous permettre d'arracher
l'homme et ses précieux auxiliaires, les animaux
domestiques, aux mortelles morsures d'ennemis

sans nombre toujours avides, toujours prêts à jeter
dans un néant apparent (le néant n'existe point),
les éléments de constitution des êtres organi-
sés ; oh ! certes, nous n'avons point découvert les
sources qui alimentent la fontaine de Jouvence
où se mirent déjà des hommes qui habitent loin de
ces modestes lieux, et que je comprends fort atta-
chés à une longue vie puisque la Fortune, la Gloire
portées sur les eaux du riche Pactole les accablent
de tous leurs dons ; la minéralogie biologique a
simplement trouvé une combinaison de substances
minérales qui guérit les hommes et les animaux
du plus grand nombre des maladies infectieuses
qui tantôt les fauchent par centaines, tantôt les
étendent isolément avec moins de fracas.

Un fait d'observation, brutal, sur lequel il n'est
point possible de discuter, c'est qu'une récolte
épuise la terre qui l'a portée ; le travail de la végétation a épuisé la terre de telle sorte qu'une même
récolte ne peut point succéder à la récolte qui l'a
précédée ; il s'agit ici du travail simple, en apparence, quoique très complexe de la végétation des
plantes ; les plantes paraissent exclusivement occu-
pées à se développer et à se reproduire sans souci
du voisin, tirant sans efforts, de la terre qui les sou-
tient et de l'air qui les baigne, la nourriture nécessaire ; la terre est assez grande, l'air est assez abon-

dant pour les nourrir toutes. Ce n'est pas à dire qu'au milieu de cette trompeuse tranquillité de la végétation des plantes il n'y ait point lutte pour l'existence ; au contraire, la lutte y est, pour le moins, aussi féroce que parmi les animaux qui se disputent les végétaux, et que parmi les hommes qui se disputent et les uns et les autres ; c'est donc que les animaux se nourrissent des végétaux, que l'homme se nourrit des animaux, des végétaux et aussi directement de quelques minéraux. A plusieurs reprises vous m'avez entendu répéter et je serai obligé de le répéter souvent encore, avant que je puisse entraîner toutes les convictions, vous m'avez entendu répéter que les végétaux vivaient des minéraux, que les minéraux étaient le premier aliment et le premier élément des végétaux ; que la matière minérale n'épuisait point son action au sein du règne végétal ; qu'au contraire, son œuvre de vie s'étendait à tous les êtres vivants ; qu'en fait, il est impossible de rencontrer une particule quelconque d'un être vivant sans matière minérale ; que si la vie, à mesure qu'elle se perfectionnait, laissait sur son chemin des formes vieillies, elle n'oubliait jamais la matière minérale ; bien mieux, l'absence de matière minérale propre éteint la vie ; l'*inanition minérale* entraîne la mort des êtres vivants et la *déminéralisation* qui n'est qu'un

mode, qu'un degré de l'inanition minérale dénature
la vie; la déminéralisation dont nous allons nous
occuper est une maladie des plus fréquentes, des
moins connues, parce que l'on ne la cherche pas,
des plus compromettantes pour les fonctions physiques ou intellectuelles de l'homme et cela parce
que le minéral est l'élément indispensable, secon-
dairement causal de la vie de chaque cellule en
particulier, de tout groupement de cellules en général; c'est le minéral, le magnésium qui réduit
l'acide carbonique de l'air, qui se fixe à l'état de
carbone dans la plante; c'est le minéral qui fixe
directement l'azote, qui oxyde l'azote, qui réduit
les nitrates et permet ainsi à l'azote indolent de
se ranger à côté du carbone pour constituer, avec
les éléments de l'eau, la molécule organique; le
rôle primordial du minéral est éclatant de lumière
pour tous les esprits réfléchis, ouverts à la saine
compréhension des choses, possédant les plus
simples notions de l'histoire de notre planète et
des phénomènes qui se succédèrent à sa surface
depuis la formation de son atmosphère jusqu'à
nos jours.

La minéralisation de l'homme, la seule qui nous
intéresse aujourd'hui, est presque partout insuffisante, à notre époque. Plusieurs causes s'unissent
pour altérer la minéralisation normale de l'homme.

10.

Les effets cosmiques sont les premiers qui agissent graduellement, avec le temps, sur la minéralisation de l'homme qui est, comme la croûte terrestre qui le supporte, en état de perpétuelle transformation ; puis viennent l'apauvrissement du sol réclamant de l'homme arrêté depuis de longs siècles sur un même point du globe un travail plus grand pour une alimentation moindre. Pourquoi ne le dirions-nous pas, la civilisation et le perfectionnement de l'industrie contribuent pour une large part à diminuer la minéralisation de l'homme ; la meunerie perfectionnée prive l'homme de la plus grande somme de matière minérale contenue dans la farine de froment, c'est-à-dire dans le pain ; un grand bien-être a été la conséquence des immenses progrès accomplis par l'industrie depuis un demi-siècle et l'usage abusif de la viande des animaux amoindrit la minéralisation de l'homme sans compensation possible d'ailleurs, car vous savez combien est exagéré le rôle de l'azote dans la nutrition ; l'azote est indispensable à la nutrition, sans aucun doute, mais dans des proportions relativement minimes et encore faut-il qu'il soit servi par une minéralisation appropriée ; l'azote exprime principalement le maintien de l'être, le carbone exprime l'activité, engendre la force que transmet l'azote.

La rapidité des moyens de transport a augmenté dans des proportions hors de toute comparaison avec le passé, la mobilité de l'homme, soit l'accroissement de ses besoins, l'usure de son organisme et atteint par là sa minéralisation.

Nous n'avons pas de notions précises sur la minéralisation de l'homme dans les âges qui nous ont précédés. Nous savons seulement, par l'usage empirique que faisaient même les médecins de l'antiquité de quelques produits minéraux dans le traitement de certaines maladies, que la reminéralisation était parfois indiquée. La minéralogie biologique végétale est âgée de soixante ans à peine, Liebig en fut le créateur ; la minéralogie biologique humaine naquit ici il y a juste cinq ans, et, je suis tout fier de voir cette jeune enfant douée de tant de qualités, donner de si brillantes espérances.

Pour fixer la moyenne de la minéralisation normale, nous sommes obligés de choisir les types les plus beaux de notre espèce, parmi nos contemporains. Il existe, en agronomie, un moyen indirect d'analyser le sol sur lequel se développent certains végétaux utiles ; il consiste à analyser les cendres de ces végétaux ; à la suite de ces analyses, l'agronome peut se trouver, il est vrai, en présence de ces trois hypothèses : ou bien le sol était riche en éléments minéraux propres au développement de son ensemencement et la récolte est abondante et de bonne qualité ; ou bien le sol était pauvre en éléments minéraux favorables à son ensemencement et la récolte est maigre ; ou bien encore la semence qu'il jeta dans le sol était de mauvaise qualité et la récolte ne fut point prospère parce que la chimiotaxie cellulaire de la graine avait perdu tout ou partie de sa valeur ; la qualité intrinsèque de la graine qu'il a semée lui permet de juger rapidement de la valeur de cette dernière hypothèse.

Nous n'avons pas, en minéralogie humaine, les mêmes facilités ; nous ne pouvons pas soupeser la graine humaine ; tout au plus pouvons-nous préjuger de sa valeur approximative par l'analyse du sujet qui la fit mûrir. Cependant, nous pouvons tourner la difficulté, et voici comment : en analysant l'homme nous pourrons connaître ses faiblesses physiques et en corrigeant ces faiblesses, en fournissant à l'arbre les éléments de prospérité qui lui manquent, nous serons sûrs qu'il nous donnera des fruits de toute première qualité. La semence étant de bon aloi nous nous retrouvons en présence des deux premières hypothèses de l'agronome ; si la récolte est abondante, c'est-à-dire si l'homme peut développer toutes les qualités physiques et morales que sa nature comporte, c'est que le sol est de bonne qualité, c'est que la minéralisation du sol humain est irréprochable ; si, au contraire, l'homme périclite, c'est que le sol humain est insuffisant ou de mauvaise qualité ; pour juger de la valeur du sol humain nous analyserons, non point le sol en son entier, chose faisable, à la rigueur, mais peu pratique ; nous déterminerons la valeur du sol humain par l'analyse des éléments minéraux que l'homme utilise par kilo corporel et par vingt-quatre heures ; nous mettrons les résultats de cette analyse en regard des résultats fournis par l'analyse multipliée de l'homme normal ; si les résultats se superposent, nous aurons l'homme normal, si les résultats obtenus s'éloignent de la normale, nous aurons l'homme pathologique.

Matière minérale ingérée par l'homme normal,
par kilogramme de poids vif et par vingt-quatre heures.

Acide phosphorique	0 gr. 06831
— sulfurique	0 — 006523
Chlore	0 — 159
Chaux	0 — 023
Magnésie	0 — 0159
Potasse	0 — 0785
Soude	0 — 1434
Fer	0 — 001228

Rapport de chaque élément minéral ingéré à la totalité de la matière minérale ingérée par vingt-quatre heures.

Acide phosphorique.	13,75	p. 100.
— sulfurique	1,31	—
Chlore.	32,104	—
Chaux.	4,63	—
Magnésie	3,216	—
Potasse	15,82	—
Soude.	28,29	—
Fer	0,247	—

Voilà, dans sa teneur et dans ses rapports, la quantité de matière minérale que l'homme normal doit ingérer par kilo corporel et par vingt-quatre heures. Que devient cette matière minérale?

Matière minérale éliminée par les urines par kilogramme de poids vif et par vingt-quatre heures.

Acide phosphorique.	0 gr. 0269
— sulfurique.	0 — 02619
Chlore.	0 — 06333
Chaux.	0 — 00333
Magnésie.	0 — 0016
Potasse.	0 — 01561
Soude	0 — 05999
Fer	0 — 0000666

Matière minérale éliminée par les fèces par kilogramme de poids vif et par vingt-quatre heures.

Acide phosphorique.	0 gr. 03314
— sulfurique.	0 — 00207

Chlore	0 gr. 0778
Chaux	0 — 0168
Magnésie.	0 — 00933
Potasse.	0 — 0627
Soude	0 — 0702
Fer	0 — 0012

Prenons comme type normal un homme du poids de 68 kilogrammes, ayant 1^m,68 de hauteur, âgé de trente ans, je suppose ; cet homme absorbera donc par vingt-quatre heures :

Acide phosphorique	4 gr. 645
— sulfurique	0 — 443564
Chlore	10 — 812
Chaux.	1 — 564
Magnésie	1 — 081
Potasse.	5 — 338
Soude.	9 — 751
Fer.	0 — 0835

Voilà la ration minérale normale d'un homme d'un poids donné dont la taille et le poids sont dans les limites de l'anthropométrie et de l'esthétique ; comment cet homme utilisera-t-il cette matière minérale ? Il rendra par les urines :

Acide phosphorique.	1 gr. 829
— sulfurique	1 — 780
Chlore	4 — 306
Chaux	0 — 226

Magnésie. . . . .   0 gr. 1088
Potasse. . . . .   1 — 061
Soude . . . .   4 — 079
Fer . . . .   0 — 004528

Il rendra par les fèces :

Acide phosphorique. . . . .   2 gr. 253
 — sulfurique . . . .   0 — 1407
Chlore. . . . .   5 — 290
Chaux . . . .   1 — 142
Magnésie. . . . .   0 — 0904
Potasse. . . . .   4 — 263
Soude . . . .   4 — 773
Fer . . . .   0 — 0816

Faisons notre bilan, établissons le total de nos
entrées et de nos sorties, de nos importations et de
nos exportations :

Total des entrées . . . .   33 gr. 718
Total des sorties. . . . .   31 — 428

Les importations sont supérieures aux exportations ; ruine, me direz-vous ; richesse, vous crierai-
je ! En effet, nous avons exporté de l'acide sulfurique préparé chez nous, du fer travaillé chez nous
et nous avons fait des réserves, réparé des pertes
qui nous permettraient de travailler pendant longtemps encore avec nos propres ressources grâce à
la perfection de notre industrie ; mais notre but

n'est point de faire aujourd'hui de l'économie individuelle, car nous tomberions bien vite dans l'économie, je ne sais pas pourquoi appelée politique et
nos programmes nous l'interdisent. Le point capital pour nous est de savoir si nous pouvons, par
l'analyse des éléments minéraux utilisés par
l'homme connaître la valeur du sol humain, la
valeur et la qualité de sa minéralisation, en un
mot; si, connaissant ses besoins de minéralisation,
ses aptitudes minérales, nous pouvons par l'analyse des matériaux qui représentent les déchets de
la nutrition établir rigoureusement la minéralisation normale ou la déminéralisation du sol humain.
Assurément nous le pouvons en nous aidant et de
l'analyse et du rapport des éléments de minéralisation entre eux. En effet, l'analyse nous indique
au total une minéralisation normale, c'est-à-dire
que les éléments de minéralisation dosés dans les
excréto-sécrétions ajoutés les uns aux autres nous
donnent un total égal à la normale ; si nous nous
hâtons de conclure que la minéralisation du sujet
est normale nous risquons de tomber dans une
erreur grossière des plus préjudiciables, car en comparant les éléments de minéralisation entre eux
nous voyons que les rapports normaux sont absolument faussés ; le rapport de l'acide phosphorique
à la minéralisation totale est de 9, par exemple,

au lieu de 13,75 ; le rapport du chlore est de 20 au
lieu de 32 et ainsi de suite ; vous vous trouvez
donc en présence d'une minéralisation normale au
total, mais absolument anormale quant aux éléments de minéralisation qui la constituent ; il ne
suffit donc pas que le total de la minéralisation du
sujet soit normal, il faut encore que le rapport des
éléments de minéralisation entre eux soit normal ;
je dis ceci non seulement pour le médecin, mais
encore pour l'agronome, pour l'éleveur ; la déminéralisation ne consiste pas seulement dans le manque
de la somme des minéraux, source de toute vie,
mais encore dans le rapport des éléments de minéralisation entre eux ; il peut ne vous manquer que
du phosphore, que du chlore, vous n'en êtes pas
moins un déminéralisé, d'autres éléments vien-
draient-ils suppléer en poids à ceux qui vous font
défaut.

La minéralisation étant la condition indispensable de la vie ; le degré et la qualité de la minéralisation étant choses pondérables d'où se déduit
tant en minéralogie végétale qu'en minéralogie
animale la qualité du sol, soit la déminéralisation
lorsqu'elle existe et, je vous ai dit qu'elle était fréquente, qu'elle se présentait plusieurs fois par jour
au médecin qui savait la discerner, comment remédier à la déminéralisation, comment reminéraliser

le malade, car les déminéralisés sont des malades, des malades gravement malades parfois, puisque la déminéralisation interrompt chez eux et leur activité organique et leurs fonctions sociales.

Lorsque l'analyse vous a révélé le point faible de la minéralisation d'un sujet donné, vous devez chercher à restituer à ce malade la minéralisation absente par des combinaisons minérales biodynamiques dont le poids moléculaire corresponde exactement à ce que devraient être les éléments de minéralisation défaillants par rapport au poids anthropométrique du malade. Les moyens de reminéralisation ne manquent pas; la nature nous en offre le plus grand nombre tout préparés, soit qu'il s'agisse des éléments minéraux en combinaison organique, soit qu'il s'agisse de cette immense richesse de reminéralisation semée à profusion dans ces admirables vallées creusées pour la plupart par la marche incessante de gigantesques glaciers; je veux parler des eaux minérales.

Le traitement hydro-minéral est encore tout empirique, nous dit-on; quelque respect que j'aie pour les auteurs de pareilles affirmations, je suis obligé de dire qu'ils se trompent et je connais deux médecins, au moins, tous deux d'une grande valeur, le Dr Ferras de Luchon et le Dr Pessez de Chatel-Guyon (je les cite par ordre alphabétique), qui pensent comme moi ; sans rien renier des avantages de la clinique, ils ont démontré, dans des monographies qui resteront, que si leurs eaux minérales étaient actives, elles devaient leur activité à la qualité de leur minéralisation ; ils ont démontré que les eaux minérales jouissaient, à la sortie du griffon, de propriétés physiques, électriques très énergiques qu'elles perdaient bientôt lorsqu'elles étaient exposées à l'air et à la lumière ; le groupement moléculaire des eaux minérales se modifie loin de la source au point que de corps vivants, si je puis m'exprimer ainsi, elles deviennent des corps morts capables seulement d'exercer l'action qu'exerce chaque corps en particulier au contact d'un autre corps ; la thermo-chimie nous dirait que ce que l'on a appelé l'activité des corps naissants n'existe plus et vous savez combien est grande cette puissance des éléments chimiques dits naissants. Je ne saurais trop féliciter les deux savants médecins dont je viens de vous citer les noms d'avoir démasqué le GÉNIE des eaux minérales de cet homme génial que fut Bordeu. Les eaux minérales bues à la source sont, incontestablement, l'un des moyens les plus puissants, quoique incomplets, de la reminéralisation de l'homme.

Quelle que soit la puissance de la reminéralisation et quelque diligence que puissent apporter les

générations futures de nos confrères mieux ins-
truits à reminéraliser l'homme, l'humanité sera
toujours affligée, victime inconsciente souvent des
vices de ceux qui la perpétuent, l'humanité sera
toujours affligée de maladies ; ces maladies seront
occasionnées alors comme aujourd'hui par ces
infiniment petits qui pullulent, innombrables,
dans un milieu déchu, terrain fertile pour leur
évolution vitale, pour leur reproduction. Nous
avons la conviction d'avoir fourni à nos contemporains, de laisser à ceux qui entreront après nous
dans la carrière, une arme défensive puissante
contre le plus grand nombre des maladies bactériennes. Cette arme, c'est un iodobenzoyliodure de
magnésium, soluté minéral dont quelques-uns
d'entre vous ont peut-être entendu parler, que
quelques-uns avez peut-être expérimenté. L'iode
benzoyliodure de magnésium est formé, comme
son nom l'indique, d'une molécule d'iodure de ben-
zoyle et d'une molécule d'iodure de magnésium :
c'est un sel qui n'a point d'analogie en chimie, qui
pourrait être rapproché, mais encore de loin, de
la constitution de quelques iodures d'azote ; sa
préparation est des plus délicates, violemment
exothermique et sa conservation à l'état anhydre
presque impossible ; c'est avec du sel anhyre
cependant que doivent être faites les solutions pour

injections hypodermiques, faute de quoi le titre de
la solution est absolument illusoire, dangereux
pour le malade, nous en avons fait l'expérience
sur les animaux. Deux faits nous ont guidé pour
la construction de ce sel nouveau ; le premier, c'est
que les bactériacées, en général, ne contiennent
point d'iode ; l'iode ne fait point partie de la minéralisation des bactériacées (A. Gautier), tandis qu'il
est, à doses extrêmement petites, il est vrai, partie
constituante de notre organisme ; le second fait
c'est que les bactériacées sont riches en nucléines
et que le magnésium est l'élément premier des
nucléines depuis le leucite de la chlorophylle jusqu'au neurone cérébral du plus puissant des pen-
seurs. Vous savez tous combien l'iode est difficile
à arracher à ses combinaisons organiques, vous
savez que dans la nature, principalement chez les
agents par excellence de la nutrition, les ferments,
que la molécule minérale est combinée avec la
molécule organique de telle sorte que celle-ci
modère et facilite l'activité de celle-là ; voilà pourquoi nous avons ajouté à la molécule minérale une
molécule organique que nous avons choisie parmi
celles qui sont réputées bactéricides. Depuis de
longues années déjà l'on savait que les composés
iodés étaient des bactéricides, mais on constatait
le fait sans pouvoir l'interpréter ; l'iode est bactéri-

cide parce que la chimiotaxie de la bactérie est plus que négative, elle est repoussante pour l'iode. A propos de l'action bactéricide de l'iode, un nom se présente à mon esprit, celui de Davaine, l'homme ignoré à peu près aujourd'hui, qui fut le grand précurseur des grandes découvertes d'un des plus grands génies de ce siècle, de Pasteur; de Pasteur l'homme de science par excellence, du Pasteur qui mouillait la poule pour lui inoculer le charbon, du Pasteur qui nourrissait la levure de bière avec ses propres cendres comme s'il eût connu par intuition la nécessité d'une minéralisation biodynamique appropriée à la vie des espèces, des individus; du Pasteur qui faisait dédoubler l'acide tartrique par une mucédinée avisée, du Pasteur qui fut le créateur de la microbiologie.

Dans un autre ordre d'idées, il en est de Pasteur comme de Michel-Ange; Michel-Ange exagérait les formes en une savante harmonie et il créait des chefs-d'œuvre; ses élèves poussèrent à l'exagération, l'exagération des formes du maître, sans harmonie, et... ils n'enfantèrent point de chefs-d'œuvre. Davaine fut l'un des premiers qui employèrent systématiquement l'iode contre la bactéridie du charbon qu'il avait découverte.

La vertu de l'iode comme bactéricide était donc établie depuis de longues années, mais les pro-

*

priétés du magnésium étaient inconnues, mais le moyen de laisser à l'iode sa valeur bactéricide en le faisant pénétrer sans danger dans l'organisme était inconnu ; l'iodobenzoyliodure de magnésium permet de faire pénétrer l'iode dans l'organisme sans danger et d'atteindre les bactéries avec 0 gr. 000 000 66 d'iode dans un gramme de chair vivante, avec un soixante-six cent millième d'iode par gramme de chair vivante. Je me crois autorisé à finir cette leçon par la phrase qui terminait mon article de la *Médecine moderne* du 7 mars : *J'ai la conviction que je viens de fournir à la médecine l'arme la plus puissante qu'elle ait jamais connue pour la défense de l'homme.*

Recueillons-nous un instant, messieurs, et considérons les conséquences prochaines de la conception du *minéral* comme élément primordial de la vie : la régénération de l'homme ; la guérison possible des plus redoutables maladies ; et, l'avenir reste ouvert devant nous !

DOUZIÈME LEÇON

Messieurs,

Dans la dernière leçon je vous ai montré les entrées et les sorties de la matière minérale moyenne chez l'homme moyen pour une révolution de vingt-quatre heures. Nous avons omis, à dessein, de vous parler d'une porte de sortie de la matière minérale : nous ne vous avons rien dit des fonctions de la peau, à ce sujet. La peau et ses annexes laissent tomber de l'organisme une quantité de matière minérale qui n'est point négligeable et cette quantité de matière minérale excrétée par la peau peut devenir momentanément considérable, mais lorsque la matière minérale excrétée par la peau atteint de telles proportions, elle est dévoyée, les fonctions de la peau sont des fonctions de suppléance, la peau travaille pour d'autres organes malades ou inhibés ou elle concourt à débarrasser l'organisme malade de déchets nuisibles.

11.

La plus grande partie de la matière minérale ingérée sort par le tube intestinal et les reins, aussi peut-on connaître le mouvement presque entier de la matière minérale ingérée dans une période de vingt-quatre heures en la pesant à la sortie des reins et de l'intestin. Le poids moyen de la matière minérale excrétée par les reins et par l'intestin étant connu et le poids de la matière minérale excrétée par l'intestin étant comparé au poids de la matière minérale excrétée par les reins et réciproquement, nous pourrons déduire assez approximativement du poids de l'une, le poids de l'autre; toutefois, de ces deux excrétions de matière minérale l'une est plus noble que l'autre; l'excrétion intestinale est faite, pour la plus grande partie tout au moins, de déchets de l'alimentation; l'excrétion urinaire, au contraire, est faite, en totalité, des déchets de la nutrition; elle exprime donc, si nous savons l'interpréter, la valeur minérale de la nutrition et, nous pouvons le dire, non seulement la valeur minérale de la nutrition dans son ensemble mais encore dans ses cas particuliers. Si nous faisons l'analyse du résidu urinaire d'un homme pendant trois jours consécutifs, par exemple, nous serons bien près d'avoir la moyenne de sa valeur minérale, soit la valeur de la minéralisation de cet homme dans son ensemble et dans ses cas particuliers. Voilà comment, d'une façon régulière et scientifique, nous pouvons étudier, connaître, peser, par l'analyse de l'excrétion urinaire la valeur de la minéralisation, c'est-à-dire la minéralisation ou la déminéralisation d'un sujet donné.

Nous pourrons dire, par exemple, que l'acide phosphorique urinaire sera d'un cinquième au-dessous de l'acide phosphorique fécal ; que l'acide sulfurique urinaire sera de 92 p. 100 au-dessous de l'acide sulfurique fécal ; que le chlore urinaire sera d'un cinquième au-dessous du chlore fécal ; que la chaux urinaire sera quatre fois moins grande que la chaux fécale ; que la magnésie urinaire sera de 17 p. 100 au-dessous de la magnésie fécale ; que la potasse urinaire sera de 24 p. 100 au-dessous de la potasse fécale ; que la soude urinaire et fécale équivaudront ; que le fer urinaire sera de 94 p. 100 au-dessous du fer fécal ; nous pourrons approximativement supputer les entrées de la matière minérale totale en pesant la plus importante de ses sorties : l'excrétion rénale ; mais, en dehors de l'expérimentation, dans la vie réelle du médecin, il ne sera point nécessaire de se livrer à de pareils calculs, à de semblables supputations, l'analyse du résidu moyen urinaire, exprimant assez nettement la valeur de la nutrition. Nous

pourrions, si nos loisirs nous permettaient de nous
livrer à cet inutile travail, écrire un ou plusieurs
gros volumes, d'une grande érudition, sur la valeur
de l'analyse urinaire dans ses rapports avec la
nutrition ; nous pourrions dans de longues pages,
discuter, par exemple, sur les points suivants : la
matière minérale urinaire, en admettant qu'elle
ait la valeur physiologique que nous lui attribuons,
c'est-à-dire qu'elle soit le mobile de tous les phénomènes de la nutrition, la matière minérale urinaire est-elle la matière minérale que l'intussusception a introduite dans l'organisme ? Comment
distinguerons-nous la matière minérale urinaire
qui a servi à la nutrition de la matière minérale
qui, absorbée n'a fait que passer à travers l'organisme ? Sur quelles bases établira-t-on la quotité
de la matière minérale qui appartient à un tissu
déterminé ? Possédons-nous des moyens analytiques
assez délicats qui nous permettent de concevoir le
groupement moléculaire de la matière minérale
non seulement dans le liquide urinaire, mais encore
dans l'organisme en activité de vie ? En admettant
toujours que par une dialectique démonstrative et
serrée nous répondions aux interrogations qui précèdent, quelles sont les formes moléculaires les
meilleures de la matière minérale destinée à la
nutrition afin que la matière minérale puisse pro-

duire la plus grande somme de travail physique
et intellectuel chez un sujet donné ? En quelques
mots, dont la brièveté et les défauts d'érudition ne
nuiront en rien, je l'espère, à la clarté, je tenterai
de répondre aux questions posées, questions qui
embrassent dans léur ensemble la somme totale
des connaissances que nous pouvons posséder en
chimie et en physique biologiques et même celles
que nous ne possédons pas encore en sociologie, je
veux parler de la question qui a trait aux rapports
de la minéralisation de l'homme avec sa production en paille et en grain, diraient les agronomes,
en forces physiques et intellectuelles doivent dire
les sociologues ; vous savez que la sociologie dépend
de la biologie, comme la biologie dépend de la
physique et de la chimie.

Je ferai appel à vos connaissances cosmiques en
général et tout particulièrement à ce que vous ne
devez pas ignorer, je ne dirai pas des origines de
notre globe, mais des phases successives par lesquelles passa notre globe, phases que la nature a
inscrites d'elle-même au sein de la terre et à sa surface, phases qu'une science aussi sagace que pa-
tiente, la géologie, a scientifiquement déterminées
dans leur ensemble ; je ferai appel à l'enseignement
que j'ai l'honneur de donner ici depuis cinq ans,
:pour ne point vous répéter les preuves établissant

que le minéral fut et est le premier élément et le
premier aliment de tout ce qui vit ; ceci dit, pouvons-nous concevoir que la matière minérale urinaire soit autre que la matière minérale de l'intussusception ; pouvons-nous concevoir un organisme
fabriquant du calcium, du magnésium, du potassium, du phosphore, du soufre, tirant de sa propre
substance un élément qu'il ne puiserait nulle part,
créant de rien quelque chose de tangible, de pon-
dérable ; non assurément et aucune métaphysique,
si métaphysique fût-elle, n'oserait le soutenir ;
l'expérimentation aurait, du reste, rapidement raison de la métaphysique ; la matière minérale urinaire est donc la matière minérale de l'intussusception ; je ne dis pas que la matière minérale urinaire soit en mêmes combinaisons que la matière
minérale d'intussusception, mais je dis que les éléments minéraux de la matière minérale urinaire
sont de même nature que les éléments minéraux
de la matière minérale d'intussusception.

Les matières minérales qui traversent l'organisme sans modifications sont des combinaisons
salines abiodynamiques ou des combinaisons salines dont le potentiel dialytique est au-dessous du
potentiel des solutions salines de l'organisme ; ou
bien des combinaisons salines ingérées en excès et
dont l'excédent est en partie excrété par les urines :

telles sont, parmi les combinaisons abiodynamiques, les sels de lithium ; parmi les sels à potentiel dialytique faible, les chlorures alcalins et alcalino-terreux ; parmi les sels souvent ingérés en excès, les phosphates organiques et le bi-carbonate de soude. Nous possédons un moyen de reconnaître au milieu de la minéralisation ordinaire de l'urine, les éléments minéraux qui ont servi à la nutrition et les éléments minéraux qui auraient traversé l'organisme sans modifications ; ce moyen, c'est la comparaison du rapport des éléments de minéralisation de l'urine analysée avec le rapport des éléments de minéralisation de l'urine moyenne normale. En effet, dans l'urine moyenne normale, le rapport des éléments de minéralisation entre eux varie peu et lorsque le rapport de l'un des éléments de minéralisation change, c'est toujours par contraste avec le rapport d'un autre élément de minéralisation ; ainsi lorsque le chlore augmente, l'acide phosphorique diminue, ce qui nous explique, par parenthèse, pourquoi les arthritiques qui sont des hyperchlorurés deviennent ce qu'on appelle neurasthéniques, c'est-à-dire hypophosphorés, pourquoi les hypochlorurés deviennent facilement des tuberculeux ; d'autre part, le chlore entraîne la soude et la potasse, respectant la chaux, tout au moins jusqu'à l'âge dont on a pu dire qu'à être tuberculeux ou à ne pas l'être, la vie n'en était ni plus longue ni plus courte; d'autre part, l'acide phosphorique entraîne principalement la chaux et la magnésie, augmente ainsi l'alcalinité des humeurs et des tissus, favorisant par là le développement microbien. Si donc, les rapports des éléments minéraux urinaires restent normaux, sauf en ce qui concerne l'un de ces éléments, vous pourrez dire qu'une partie de cet élément a traversé l'organisme sans coopérer à la nutrition quelle que soit, d'ailleurs, la cause qui l'ai jeté accidentellement ou en excès dans l'organisme; pour les corps abiodynamiques si vous êtes des analystes consommés, vous pouvez vous rendre compte du trouble apporté dans le rapport de certains éléments urinaires entre eux, en comparant la valeur du poids atomique des éléments analysés entre eux; il en sera ainsi du brome et du chlore, du strontium et du calcium, du lithium et du potassium, par exemple; le préjudice causé à la nutrition normale sera en relation avec la quantité d'éléments minéraux abiodynamiques remplaçant l'élément minéral biodynamique; vous pourrez donc, en tout cas, à peu de chose près, distinguer la matière minérale urinaire qui aura servi à la nutrition, de la matière minérale qui traversera l'organisme sans se modifier sensiblement.

Tout organisme vivant peut se diviser en tissus et en sucs ou humeurs ; pour ne parler que de l'homme, on peut considérer que notre organisme est constitué par un premier tissu, l'hématie, par un tissu osseux, un tissu nerveux, un tissu musculaire ; ces tissus sont les tissus principaux de l'homme, arrivé à son complet développement ; à chacun de ces tissus correspond une dominante minérale propre avec une sous-dominante déterminée : au globule sanguin correspond le fer comme dominante, le potassium comme sous-dominante ; au tissu osseux correspond le calcium comme dominante et le magnésium comme sous-dominante ; à la substance grise du tissu nerveux correspond le magnésium comme dominante, le calcium comme sous-dominante ; à la substance blanche du tissu nerveux correspond le potassium comme dominante et le sodium comme sous-dominante ; au tissu musculaire correspond le potassium comme dominante et le magnésium comme sous-dominante ; tous ces tissus sont baignés par des sucs ou humeurs qui ont pour dominante le sodium et pour sous-dominante le potassium. Le chlore et l'acide sulfurique sont les acides dominants des sucs ou humeurs ; le chlore est la dominante acide propre des humeurs, l'acide sulfurique la sous-dominante variable et, je vous expliquerai pourquoi, accidentelle ; le phosphore, d'où l'acide phosphorique, est la dominante acide de tous les tissus ; l'acide phosphorique est avec le chlore et l'acide sulfurique, l'une des dominantes des sucs ou humeurs.

Quels sont les éléments minéraux primordiaux que nous aurons à doser dans l'urine, dans les fèces même, dans toutes les sécrétions ou excrétions : le phosphore, le soufre, le chlore, le calcium, le magnésium, le potassium, le sodium et le fer. L'expérience nous a enseigné que la nutrition d'un sujet donné était normale lorsque le phosphore, le soufre, le chlore, le calcium, le magnésium, le potassium, le sodium et le fer se rencontraient dans le liquide urinaire sous un poids déterminé et dans des rapports constants entre eux.

Nous pouvons considérer que des différents tissus que nous avons énumérés tout à l'heure et dont la magnésie est la dominante, le tissu nerveux, la substance grise du tissu nerveux est celle qui travaille le plus dans notre milieu social ; lorsque la magnésie se trouvera en un rapport élevé dans l'urine nous pourrons affirmer, avec une grande apparence de certitude, que le système nerveux est en voie de déminéralisation ; lorsque la magnésie se trouvera en un rapport inférieur dans l'urine, nous pourrons affirmer également avec une grande apparence de certitude, que le système nerveux est déminéralisé.

La plus grande somme de la potasse urinaire provient incontestablement, vu sa masse, du tissu musculaire ; lorsque l'analyse vous révèlera dans les urines un excès de potasse et de magnésie, vous songerez minutieusement à la déminéralisation du tissu musculaire ; par ces exemples que je pourrais multiplier, vous pourrez vous convaincre que nous avons des bases assez solides pour établir la qualité de minéralisation des tissus au moyen de l'analyse urinaire. Quant au groupement moléculaire de la matière minérale dans l'organisme ou dans le liquide urinaire nous n'avons actuellement aucunes ressources pour l'apprécier ; des investigations physiques bien conduites, précéderont certainement, les investigations de la chimie pour la détermination du groupement moléculaire des minéraux dans l'organisme et aussi dans les eaux minérales médicinales qui sont si fréquemment utiles pour notre reminéralisation.

La matière minérale produit son maximum d'effet sur le travail physique et intellectuel de l'homme lorsqu'elle est ingérée sous forme de combinaison organique et en un poids moléculaire en rapport direct avec le poids de consommation utile révélé par l'analyse urinaire ; ce poids de consommation sera calculé pour le kilo corporel déduit du poids anthropométrique ou esthétique, c'est-à-dire de la taille du sujet. Il vous sera difficile d'obtenir de vos clients une assiduité soutenue pour que vous puissiez les reminéraliser, en dehors de tout autre obstacle, par un régime alimentaire bien étudié ; presque toujours vous serez obligé d'avoir recours à des aliments minéraux préparés par la main habile d'un pharmacien.

Nous arrivons à la dernière et à la plus délicate des questions auxquelles nous avions le devoir de répondre ; nous touchons aux rapports de la minéralogie biologique et de la production de l'homme ; rien n'a été fait de propos délibéré, que je sache, en dehors de nous, pour résoudre ce problème humain et social, de l'accroissement de la production humaine par la reminéralisation.

On a réussi à faire de la culture animale intensive comme on a réussi à faire de la culture végétale intensive ; quoique l'on puisse modifier la taille et les aptitudes de l'animal par une minéralisation intensive, nous ne saurions point nous appuyer sur des faits de cet ordre car, pour nous, le temps est un facteur que nous ne pouvons pas modifier pour la solution de notre problème ; tout nous commande de ne pas abréger notre destinée même au prix des plus grands biens. Notre évolution se poursuit par étapes nettement caractérisées ; le rêve, c'est de faire donner à chacun, à chacune de ses étapes de la vie, le *maximum* de rendement possible selon son développement, de manière à atteindre la plus grande perfection physique, intellectuelle et conséquemment sociale, possible.

Mon expérience est déjà longue; je pourrais vous amener ici, en phalanges serrées, des hommes de tous les rangs de notre société, qu'une reminéralisation savamment conduite sauva d'un désastre pire que la mort, de la chute complète de leurs facultés physiques et intellectuelles ; des jeunes hommes, malingres, suivant avec peine les cours de nos grandes écoles et qui sous l'influence d'une reminéralisation appropriée gagnaient les premiers rangs ; j'en connais qui sont aujourd'hui de jeunes ingénieurs des ponts et chaussées et pleins d'avenir. Je pourrais vous montrer des enfants absolument métamorphosés sous l'influence d'une reminéralisation basée sur l'étude de leur sol, je veux dire sur l'analyse de leur moyenne minérale urinaire ; leurs aptitudes physiques et intellectuelles se sont modifiées au point qu'ils sont aptes à fournir aujourd'hui une brillante carrière. L'avenir vous appartient à vous qui m'écoutez ; faites de la chimie, de la chimie analytique ; analysez autour de vous tout ce qui touche à l'homme ; tâchez de convaincre ceux qui, par ignorance ou autres causes, douteraient de la valeur de notre science, et vous aurez, dans la mesure de vos moyens, rendu un grand service à la société à laquelle vous vous devez par profession ; pour faire pénétrer dans les masses, et aussi dans les esprits cultivés, des vérités qui n'ont point la consécration des banalités du jour, il faut être énergique et persévérant. Soyez énergiques et persévérants pour le bien de tous et je puis vous l'affirmer, ce sera pour votre propre bien. Le temps vous manquera, peut-être l'outillage, priez votre meilleur auxiliaire, le pharmacien, de faire vos analyses ; je vais vous enseigner à les lire, car il est encore plus difficile d'interpréter une analyse que de la réaliser ; n'oubliez jamais que les individus, les générations peuvent se transformer par une reminéralisation appropriée.

De ce qui précède nous pouvons donc conclure que l'analyse urinaire seule nous permet de connaître la valeur de la minéralisation d'un sujet donné et de corriger, en connaissance de cause, les défauts de cette minéralisation ; que la reminéralisation a une double portée, individuelle et sociale.

Presque dans tous les temps l'instinct de l'homme l'a poussé vers l'analyse des urines ; cette analyse, l'homme la faisait selon les moyens dont il disposait. En présence de son semblable atteint par la maladie, l'homme a tout tenté pour chasser la maladie ; les pratiques superstitieuses, il en existe encore parmi nous ; l'usage des organes des animaux, du suc des animaux, que nous croirions disparu avec les shakespeeriennes pratiques du moyen âge, est aujourd'hui, chez nous, plus répandu que jamais. Comme des enfants, il semble qu'effrayés par le chemin parcouru, la faiblesse de notre esprit nous ramène en arrière. On ne nous a pas encore proposé comme un moyen infaillible de distinguer la qualité du sucre pathologique urinaire à propos de laquelle disputent, à cette heure, les chimistes, on ne nous a pas encore proposé de déguster les urines comme au temps jadis, sous le fallacieux prétexte que l'analyse chimique est faillible, mais il ne faut désespérer de rien.

Depuis Scheele qui découvrit l'acide urique, Rouelle qui découvrit l'urée ainsi dénommée par Fourcroy et Vauquelin, de nombreux chimistes s'occupèrent de l'analyse des urines et principalement de la constitution des éléments organiques qui entrent dans sa composition. Il faut arriver aux deux Robin, Charles Robin et Albert Robin, tous deux enfants de la même province, sans autre lien de parenté entre eux que celui qui unit l'élève au maître, car Albert Robin fut l'élève de Charles Robin, il faut arriver à Charles Robin puis à Albert Robin pour trouver des analyses d'urine portant la triple empreinte, du chimiste, du biologiste et du médecin.

Ch. Robin divise les principes immédiats des urines en trois classes : 1° principes d'origine minérale dans lesquels l'eau prédomine ; 2° principes d'origine organique cristallisables ; 3° principes d'origine organique non cristallisables ; par principes organiques, Ch. Robin entend des principes *provenant de l'organisme lui-même*. (*Leçons sur les humeurs*, p. 20.) Il compte 23 corps dans la première classe, savoir : eau, azote, oxygène, chlorure de sodium, chlorure de potassium, chlorhydrate d'ammoniaque, silice, carbonate de chaux, carbonate de magnésie, carbonate de potasse, carbonate d'ammoniaque (pathologique), carbonate et bi-carbonate de soude (accidentels), sulfate de potasse, sulfate de soude, sulfate de chaux, phosphate neutre de soude, phosphate acide de soude, phosphate basique de soude (temporaire), phosphate de potasse (douteux), phosphate de magnésie, phosphate acide de chaux, phosphate basique de chaux ou des os, phosphate ammoniaco-magnésium.

Ch. Robin compte 28 principes dans la deuxième classe, savoir : acide carbonique dissous, lactate de potasse, lactate de soude, lactate de chaux, acide urique (accidentel ou des traces), urate de potasse, urate de soude neutre et acide, urate de

chaux, urate d'ammoniaque neutre et acide, urate
de magnésie, acide hippurique (accidentel), hippurate de chaux, hippurate de soude, hippurate de
potasse, inosate de potasse, pneumate de potasse,
oxalate de chaux, urée, allantoïdine (chez le fœtus),
cystine (accidentelle), leucine (traces), créatine,
créatinine, inosite, xanthine, guanine, margarine,
oléine, sucre du foie (normal, traces).

L'auteur compte, en outre, deux principes dans
la troisième classe, savoir : uro-hématine, muco-
sine vésicale. (*Leçons sur les humeurs*, p. 654.)

Il y a trente-quatre ans que cette analyse urinaire a été publiée.

Je vous disais, il y a un instant, que ce qui dis-
tinguait l'étude du liquide urinaire des deux
savants homonymes qui s'appellent Robin, c'est
qu'elle portait l'empreinte du chimiste, du biologiste et du médecin ; écoutez plutôt les réflexions
dont Ch. Robin fait suivre l'analyse précédente :

« Ces données vous montrent en fait, ce que
c'est que l'urine. Elle représente l'*expression générale*, la réunion synthétique par dissolution chimique des produits résultant de nombreux actes spé-
ciaux, accomplis en des points divers et multiples
de l'économie : actes que l'étude de l'urée uniquement ne peut à elle seule expliquer, comme semblent le croire encore divers auteurs. Or, en étu-

diant chacun de ces produits retirés de l'urine, le médecin doit pouvoir, dans chaque cas, remonter à l'acte normal ou troublé qui amène la formation du composé excrété en plus ou en moins, autant qu'au *lieu*, dans lequel il se passe. Là est tout l'intérêt de l'étude du liquide urinaire ; là est la source des applications qu'on en peut faire ; applications incessantes et nombreuses, comme il est facile de le comprendre, en jetant les yeux sur la liste des principes qui composent cette excrétion. »

C'est en s'appuyant exclusivement sur les éléments d'origine organique, comme le prouve la suite de la leçon, que Ch. Robin, pensait pouvoir déduire de la constitution de l'urine, l'état normal ou pathologique du sujet et dans ce dernier cas les moyens thérapeutiques ; Ch. Robin qui malmenait fort la matière minérale, nous l'avons vu dès la première leçon de ce cours, s'appuyait, disonsnous, sur les principes organiques, c'est-à-dire sur des principes dont la mobilité moléculaire est grande, dont la forme est conséquemment fugace ; ce que je veux retenir à votre intention, des paroles de ce grand savant que fut Ch. Robin, c'est que le liquide urinaire est l'expression générale des actes accomplis dans l'économie tout entière, c'est que l'analyse du liquide urinaire nous permet de remonter de l'acte normal ou troublé, au lieu dans

lequel il se passe et que le médecin peut tirer de
l'analyse urinaire les applications thérapeutiques
nécessaires ; je vous ai démontré, en étudiant avec
vous les ferments, que la même matière organique
restant la même, la qualité du ferment changeait,
avec la qualité de la matière minérale ; je vous ai
démontré d'une manière irréfutable, à mon avis,
que la matière minérale étant l'élément primordial
de la matière organisée, la matière organique était
sous la dépendance de la matière minérale ; d'où il
suit que le dosage rigoureux de la matière minérale des urines nous permettra d'une manière bien
autrement précise que le dosage de la matière organique, sa tributaire, de diriger la nutrition, de remédier aux écarts pathologiques de la nutrition ;
en effet, nous ne nous appuirons plus sur l'effet, la
matière organique, mais sur la cause, le minéral.

J'ai pu parler à mon aise de Ch. Robin car son nom
appartient à l'histoire. Je suis plus embarrassé pour
juger l'œuvre d'Albert Robin en ce qui touche à l'analyse urinaire, car si le nom d'Albert Robin est déjà
inscrit en bonne place sur les tablettes de l'histoire
de la science contemporaine, celui qui le porte est
encore bien vivant et pour longtemps, je le souhaite ;
je sais que Albert Robin ne redoute point la critique,
mais je ne voudrais point blesser sa modestie, ce qui
me gênera un peu dans mes appréciations.

Pas plus que Ch. Robin, Albert Robin n'avait point, au début de ses travaux, la notion du minéral initial, mais il eut la sagesse de ne pas vouer à la matière minérale cette antipathie que Boussingault paraît avoir soufflée à tous ses contemporains, autour de lui.

N'est-ce pas Albert Robin qui a démontré que dans les fièvres inflammatoires l'urée augmentait proportionnellement avec l'intensité de l'inflammation? Le trait saillant, j'allais dire presque génial, de l'analyse urinaire d'Albert Robin, ce fut l'étude des rapports des éléments de constitution de l'urine entre eux, *des rapports d'échange;* le rapport de l'azote urée à l'azote total urinaire porte le nom de *coefficient d'oxydation* d'Albert Robin. C'est Albert Robin qui nous enseigna la valeur des rapports des éléments de constitution urinaire entre eux et de ces rapports il a tiré, lui, le dernier représentant et le continuateur des grands thérapeutes, les applications nutrimentaires et thérapeutiques les plus scientifiques, les plus sages et les mieux ordonnées. Vous retrouverez encore dans ces faits, le chimiste, le biologiste et le médecin.

Nous commencerons dans la prochaine leçon l'analyse du sol humain normal et du sol humain pathologique.

TREIZIÈME LEÇON

Messieurs,

L'analyse de l'urine faite comme l'analyse d'une terre ordinaire nous permet, et par le rapport des éléments qu'elle contient entre eux, et par la valeur pondérale de ces éléments, d'étudier la qualité du sol de l'homme et des animaux.

La chimie biologique nous enseigne qu'un élément minéral employé par l'activité d'un élément cellulaire particulier est rare dans les urines et qu'il y apparaît plus abondant à mesure que s'arrête le travail cellulaire qui reposait sur cet élément minéral. Le chlore est rare dans les urines pendant la digestion et abondant après le travail digestif ; la magnésie diminue pendant le travail cérébral et augmente dans les urines après l'effort intellectuel.

Lorsqu'il existe dans les urines un excès, en poids, d'un élément minéral quelconque, cela signifie que l'un des tissus ou l'une des humeurs

12.

se dépouillent. Lorsque l'un quelconque des éléments minéraux de l'urine fait défaut, cela prouve que l'un des tissus ou l'une des humeurs sont ruinés, que la vie s'éteint quelque part. Tout comme dans un sol épuisé par une récolte florissante et répétée, ou lavé par d'abondantes pluies, il est indispensable alors de remplacer les éléments minéraux utilisés, entraînés par l'orage, c'est-à-dire par les diverses affections qui peuvent frapper l'homme ou l'animal.

Type normal moyen de l'urine, pour servir à l'étude du sol, de la minéralisation de l'homme.

ANALYSE URINAIRE

Nom	Homme, désignant l'espèce.
Sexe	Masculin.
Age.	35 ans.
Taille	1^m,68.
Poids anthropométrique ou esthétique	68 kg.
Volume moyen normal de l'urine par vingt-quatre heures.	1512 c^{m3}
Volume moyen normal de l'urine rapporté au kilo-heure	0 c^{m3} 926
Acidité rapportée à SO^{4}H^2	1 gr. 915
Eléments fixes à 100° C.	51 —
Matière organique.	32 — 50
Matière minérale	18 — 50
Charbon	6 — 11
Azote total	15 — 24

Azote de l'urée . . . .   13 gr. 06
Urée. . . . .   28 —
Acide urique . . . .   0 — 58
Créatinine . . . .   0 — 62
Leucomaïnes . . . .   traces.
Matières colorantes . . . .   variables.
Corps ternaires réducteurs rapportés
   au glucose . . . .   0 gr. 41
Acide hippurique . . . .   0 — 07
Acide phosphorique total . . . . .   2 — 83
Acide phosphorique uni aux bases
   alcalines . . . .   1 — 30
Acide phosphorique uni à la chaux.   0 — 88
Acide phosphorique uni à la magné-
   sie. . . . .   0 — 65
Acide sulfurique en SO^3 . . . . . .   2 — 75
Soufre total . . . .   0 — 90
Chlore. . . . .   0 — 65
Chaux . . . .   0 — 35
Magnésie. . . . .   0 — 168
Potasse. . . . .   1 — 64
Soude . . . .   6 — 00
Fer . . . .   0 — 0045
Fluor . . . .   caractérisé.
Silice . . . .   0 gr. 025

D'après les tableaux analytiques de notre première leçon, nous pouvons supputer la matière
minérale des fèces de notre homme normal ; cette
matière minérale sera en :

Acide phosphorique. . . . .   2 gr. 292
   — sulfurique . . . .   0 — 276

Chlore.	8 gr. 17
Chaux	1 — 76
Magnésie.	0 — 139
Potasse	7 — 35
Soude	7 — 20
Fer	0 — 0833

Les entrées, en matière minérale étant, comme le démontre l'expérience, de 7,30 p. 100 supérieurs aux sorties, nous pouvons prévoir, en défalquant l'acide phosphorique et l'acide sulfurique produits par l'oxydation du phosphore et du soufre organiques, que notre homme type du poids de 68 kilogrammes devra absorber par vingt-quatre heures 48 gr. 048 de matière minérale, soit 0 gr. 70658 par kilo-corporel ; voilà comment se peuvent déduire de l'analyse urinaire chez l'homme normal, très approximativement, les entrées et les sorties totales ainsi que les retenues, sauf les pertes minimes résultant de l'analyse et qui s'effectuent par la peau, de la matière minérale.

Il faut, pour que l'homme soit normal, non seulement que les éléments minéraux, écrits au tableau analytique ci-dessus, soient présents dans l'urine, mais il faut encore que ces mêmes éléments minéraux se rencontrent dans les urines en des rapports déterminés entre eux.

Rapports des éléments du sol normal de l'homme entre eux.

Rapport des éléments organiques au total des éléments dissous	63,72
Rapport des éléments minéraux au total des éléments dissous, ou *rapport de minéralisation*.	36,27
Rapport des éléments minéraux aux éléments organiques.	56,92
Rapport de l'acide phosphorique total au chlore	42,55
Rapport de l'acide phosphorique à l'azote total.	18,63
Rapport de l'acide phosphorique à l'urée.	10,10
Rapport de l'acide urique à l'acide phosphorique total	20,49
Rapport de l'acide phosphorique combiné à la chaux à l'acide phosphorique combiné aux alcalins	67,68
Rapport de l'acide phosphorique combiné à la magnésie, à l'acide phosphorique combiné à la chaux	73,86
Rapport de l'acide sulfurique à l'acide phosphorique.	97,17
Rapport de l'acide sulfurique à l'urée . .	9,82
Rapport du soufre total à l'acide sulfurique	32,72
Rapport de l'acide sulfurique au chlore .	41,35
— du chlore à l'urée.	23,75
— de la chaux à l'urée.	1,25
— de la magnésie à l'urée	0,60
— de la potasse à l'urée	5,85
— de la soude à l'urée.	21,42
— de la potasse à la soude. . . .	27,33

Rapport de la chaux à la potasse 21,34
— de la chaux à la soude 5,83
— de la magnésie à la chaux . . . 48,00
— de la magnésie à la potasse . . 10,24
— de la magnésie à la soude . . . 2,80

L'azote total reste toujours au-dessous de la somme de la matière minérale, à l'état normal ; plus l'azote total se rapproche du total de la matière minérale, plus se trouble la minéralisation, plus l'homme se déminéralise et plus il périclite.

On obtient le rapport des éléments minéraux du sol humain entre eux, en multipliant par cent le poids de l'un quelconque des éléments et en le divisant par le poids de l'un quelconque des éléments minéraux de l'urine ; ainsi, par exemple, vous voulez connaître dans quel rapport se trouve la magnésie urinaire à la chaux urinaire, vous posez la règle suivante :

Magnésie urinaire $= 0$ gr. $168 \times 100 = 16,8 :$ 0 gr. 35 poids de la chaux urinaire $= \dfrac{16,8}{0,35} = 48$; ce qui veut dire que, lorsque l'urine contient 1 gramme de chaux, elle contient seulement 0 gr. 48 de magnésie.

Nous connaissons maintenant la quantité de matière minérale normale de l'urine, soit du sol humain, pour un homme d'une taille et d'un poids anthropométriques ou esthétiques soit pour un homme dont le poids concorde avec la taille. Si nous devions toujours nous trouver en présence d'hommes normaux, nous pourrions nous arrêter à ces résultats, mais, malheureusement, nous rencontrons, dans la pratique, plus d'hommes anormaux que d'hommes normaux, et nous avons besoin de mesures qui nous permettent de comparer des hommes de poids, de taille et de minéralisation différentes, à l'homme normal ; ces mesures seront ou le kilo corporel ou de poids vif, ou une unité de surface du corps ; c'est-à-dire que nous allons rapporter tous les éléments minéraux constitutifs du sol humain au kilo corporel ou de poids vif ou à l'unité de surface de l'homme normal type.

En ce qui concerne le volume de la solution des éléments du sol humain, de l'urine, nous rapporterons ce volume non seulement au kilo corporel; mais encore au kilo-heure, c'est-à-dire à la quantité d'urine émise par kilogramme de poids vif et par heure, par l'homme type que nous avons choisi.

*Rapports des éléments constitutifs du sol humain
au kilo corporel ou au kilo-heure.*

Volume de l'urine par kilo de
   poids vif et par 24 heures. . .   22 gr. 235
Volume de l'urine par kilo-heure.   0 — 926

Éléments fixes à 100°, par *kilo* corporel.	0 gr. 75
Matière organique	0 — 47794
Matière minérale.	0 — 272
Charbon.	0 — 08985
Azote total.	0 — 2241
Urée	0 — 411
Acide urique.	0 — 008529
Créatinine.	0 — 009110
Acide hippurique.	0 — 001029
Acide phosphorique total	0 — 04161
Acide sulfurique	0 — 040441
Chlore	0 — 09779
Chaux.	0 — 005147
Magnésie	0 — 00247
Potasse	0 — 02411
Soude.	0 — 08823
Fer.	0 — 0000661
Silice	0 — 000367

Vous connaissez le poids et la taille de l'homme type, vous connaissez le volume moyen de l'urine émise pendant vingt-quatre heures, vous dosez dans l'urine les éléments qui vous intéressent, vous, médecin, vous, biologiste, vous, sociologue, et par des calculs faciles vous arrivez à déterminer le rapport du volume urinaire et le rapport du poids des éléments urinaires au kilogramme du poids vif de notre homme de choix. Dans notre milieu très cultivé, vous aurez quelque peine à obtenir de vos malades leur poids, leur

.âge et leur taille et même quelquefois, le volume de l'urine émise en vingt-quatre heures, tant sont pressants les besoins de la vie, tant est ardente la lutte pour la vie. Que sera-ce donc lorsque vous vous trouverez en présence d'hommes moins polis; vous rencontrerez des difficultés presque insurmontables pour obtenir les éléments indispensables pour une analyse. J'ai cherché et je crois avoir trouvé un moyen relativement commode d'arriver à poser des conclusions assez précises à la suite d'une analyse urinaire avec un seul document, à condition, bien entendu, que vous ayez un volume d'urine suffisant pour vous livrer au travail que comporte une analyse complète du sol humain. Vous vous ferez remettre, autant que faire se pourra, le volume total de l'urine excrétée pendant trois fois vingt-quatre heures consécutives; mais, je viens de vous le dire, c'est chose difficile à obtenir ; vous serez obligés de vous contenter de ce qu'on voudra bien vous donner ; cependant vous exigerez que l'on vous remette des urines pendant trois ou quatre jours consécutifs ; cela vous sera facilement accordé, et, c'est sur le mélange de ces urines réunies que vous exercerez votre analyse. Vous voilà donc en possession d'un liquide urinaire, mais vous ne connaissez ni la taille, ni le poids de votre malade, ni le volume total moyen des urines pendant plusieurs fois vingt-quatre heures, qu'allez-vous faire ? L'analyse d'abord, et, pour établir la base de vos calculs, vous aurez recours à la valeur de la surface périphérique du malade ; $0^{cm2}, 24735$ de surface périphérique correspondent, à l'état normal, à 1 gramme de poids vif ; la surface totale du corps se déduit du périmètre de la base du thorax.

Le développement de la base du thorax est représenté chez notre homme type par une circonférence de $0^m, 89$ dont la surface est de $629^{cm2}, 908$; le rapport de cette surface à la surface périphérique totale est de $3,744$; ce qui veut dire que $3^{cm2}, 744$ de la surface de la circonférence produite par le périmètre de la base du thorax représentent 100 centimètres carrés de la surface périphérique totale, 16 820 centimètres carrés. Pour calculer la surface de la circonférence produite par le périmètre thoracique, à la base, vous vous servirez de la formule πR^2 ; $\pi (3,1416)$; $C = 2\pi R$, d'où $R = \dfrac{C}{2\pi}$ soit, dans le cas présent $\dfrac{0^m.89}{6,28325} = 14,16$. $S = \pi R^2 = 3,1416 \times 14,16^2 = 629.908$.

Pour le calcul de l'analyse du sol humain par les procédés arithmétiques et géométriques que je viens de vous indiquer, je vais prendre pour exemple l'homme qui a l'honneur de vous parler.

Le périmètre de la base de mon thorax est de $0^m,114$; la surface de ce périmètre est de $1033^{cm2}, 7736$; le rapport de cette surface à la surface périphérique totale moyenne normale est de 6,146, soit 2,402 au-dessus de la normale moyenne ; connaissant la surface du périmètre thoracique et le rapport de cette surface à la surface totale périphérique normale, je calcule, à l'aide des formules citées plus haut, ma surface totale périphérique, c'est-à-dire $\frac{3,744}{1033,77} = \frac{100}{x}$, x représentant la surface périphérique cherchée, et je trouve $27\,611^{cm2}, 4$; ma surface périphérique est donc de $27\,611^{cm2}, 4$; chaque gramme de poids vif étant représenté par $0^{cm2}, 24735$, pour connaître mon poids, j'établis le rapport $\frac{27611,4}{0,24735}$, ce qui me donne comme poids 111 620 gr. 9, soit 111 kg. 620 9.

D'après les données anthropométriques et esthétiques que j'ai établies, touchant les rapports de la taille et du poids, je devrais avoir la taille gigantesque de $2^m,1162$; or, j'ai une taille raisonnable de $1^m,75$; je possède donc une surcharge de poids en relation avec la surélévation du rapport de la surface du périmètre thoracique avec la surface périphérique moyenne normale totale, laquelle surélévation, nous venons de le voir, est de 2,402 ; je suis donc anormal dans mes proportions. Enfin, voilà le fait : je pèse 111 kg. 620. Combien devrai-je excréter de liquide urinaire par vingt-quatre heures ? Je dois fournir normalement $0^{cm3},926$ d'urine par kilogramme de poids vif et par heure, soit 111 kg. 620 multiplié par 0,926 multiplié par 24; $111,620 \times 0,926 = 103,36012 \times 24 = 2480,642$. Mais comme j'ai une surcharge de 36 kilogrammes environ comme l'indique la surélévation du rapport de la surface du périmètre thoracique à la surface périphérique totale, je ne dois, en fait, à mon excrétion urinaire que $1666^{cm3},80$, soit 75 kilogrammes $\times 0,926 = 69^{cm3},45 \times 24 = 1666,80$.

Ainsi de déduction en déduction vous arriverez, avec le périmètre thoracique, à connaître le poids, la taille de votre malade, la quantité d'urine qu'il doit excréter en vingt-quatre heures et vous rapporterez tous les calculs de votre analyse à ces quantités que vous aurez découvertes ; en rapprochant alors la somme de chaque élément analysé de la somme moyenne normale de cet élément, vous connaîtrez l'état de la minéralisation du sol de votre sujet, principalement si vous avez fait porter votre analyse sur une série d'échantillons d'urine émise pendant plusieurs jours consécutifs.

Je vous ai donné cette méthode comme un pis-aller pour l'analyse du sol humain, car l'analyse du sol, telle que nous la concevons, doit porter sur l'urine moyenne d'au moins trois jours, d'au moins trois fois vingt-quatre heures consécutives. En temps ordinaire, les calculs des surfaces de la base thoracique et périphérique ne doivent pas être négligés, car ils serviront de contrôle aux autres méthodes d'analyse ; et, pour la détermination de la fonction délicate dans la nutrition de chacun des éléments du sol humain, plus on s'entoure de garanties contre les erreurs toujours possibles, mieux il vaut.

Pour arriver à l'analyse, je n'ose pas dire parfaite, mais utile du sol humain, il faut connaître exactement la taille, le poids, l'âge et le sexe du sujet ; en effet, nous n'analysons pas que des hommes, nous analysons aussi des femmes, nous analysons des enfants. Les hommes et les femmes se rapprochent suffisamment en plus ou en moins des moyennes normales, en général, pour qu'il soit facile de ramener leurs cas au type normal ; on a dit, on a écrit et l'on continue d'écrire que la minéralisation urinaire de la femme était au-dessous de la minéralisation urinaire de l'homme ; cela est vrai, si l'on considère le poids intrinsèque des éléments qui entrent dans la composition des urines de la femme ; cela est faux, si l'on tient compte de la taille, du poids de la femme ; les menstrues, les

rapports sexuels, la grossesse, modifient momentanément le sol de la femme ; c'est pourquoi, vous
devrez éviter autant que possible, de faire l'analyse
du sol de la femme dans les quelques jours qui précèdent ou qui suivent les menstrues. Quant aux
analyses du sol de la femme pendant la grossesse,
elles présentent un degré d'utilité tel que vous me
permettrez de m'y arrêter un instant ; le fruit
dépend de la qualité physique de l'arbre qui le
porte.

Les urines de la femme enceinte doivent être,
normalement, peu acides ; elles doivent, dès la
quatrième semaine de la grossesse précipiter par
la chaleur et le précipité doit se dissoudre rapidement au contact des acides ; les femmes dont les
urines restent franchement acides pendant toute la
durée de la grossesse enfantent des enfants chez lesquels l'ossification est en retard ; ces enfants deviennent, dans la suite, facilement rachitiques, surtout
quand ils sont allaités par la mère.

Le minéral est le mobile qui entraîne la vie ;
c'est aujourd'hui, pour vous comme pour moi, une
vérité démontrée ; les oxydes métalliques sont les
premières assises de la vie, car ils sont les ferments, puis ils sont les neutralisants de l'acidité
incompatible avec la vie. Je ne m'attarderai pas à
la démonstration de ces vérités, vous la trouverez

dans les leçons antérieures, et j'arriverai de suite au dosage des bases terreuses et alcalines dans l'urine de la femme à l'état normal et de la femme à l'état de grossesse.

Sexe . . . . femme.
Age. . . . . 25 ans.
Taille . . . . 1 m. 61
Poids . . . . 58 kg. 500
Chaux normale, par *kilo corporel.*   0 gr. 005147
Magnésie . . . . 0 — 00247
Potasse . . . . 0 — 024075
Soude. . . . . 0 — 086505

Comparez ces nombres aux nombres représentant le kilo corporel des mêmes éléments chez l'homme et vous verrez, comme je vous le disais plus haut, que le poids des éléments constitutifs du sol de la femme normale est sensiblement le même que le poids des éléments constitutifs du sol de l'homme.

Il existe une relation incontestable entre la qualité du sol de la femme enceinte et le développement du fœtus. Nous divisons, au point de vue analytique, l'étude de la femme enceinte en quatre périodes : analyse du sol à partir de la fin de la deuxième semaine de la grossesse jusqu'à la fin de la quatrième semaine; analyse du sol à partir de la fin du deuxième mois jusqu'à la fin du quatrième ; analyse du sol à partir du commencement du cinquième mois jusqu'à la fin du sixième ; et, enfin analyse du sol à partir de la fin du sixième mois jusqu'à la moitié du neuvième.

Première période. (Deux éléments dosés.)

Chaux dosée.	Chaux normale.	Rapport
0 gr. 00342 (K. C.)	0 gr. 005147 (K. C.)	66,55 p. 100
Potasse dosée.	Potasse normale.	Rapport
0 gr. 009 (K. C.)	0 gr. 024075 (K. C.)	37,33 p. 100

Seconde période. (Deux éléments dosés.)

Chaux dosée.	Chaux normale.	Rapport
0 gr. 00238 (K. C.)	0 gr. 005147 (K. C.)	46,27 p. 100
Potasse dosée.	Potasse normale.	Rapport
0 gr. 0162 (K. C.)	0 gr. 024075 (K. C.)	67,21 p. 100

Troisième période. (Quatre éléments dosés.)

Chaux dosée.	Chaux normale.	Rapport
0 gr. 00209 (K. C.)	0 gr. 0051147 (K.C.)	40,79 p. 100
Magnésie dosée.	Magnésie normale.	Rapport
0 gr. 00105 (K. C.)	0 gr. 00247 (K. C.)	42,69 p. 100
Potasse dosée.	Potasse normale.	Rapport
0 gr. 0095 (K. C.)	0 gr. 024075 (K. C.)	46,66 p. 100
Soude dosée.	Soude normale.	Rapport
0 gr. 113 (K. C.)	0 gr. 086505 (K. C.)	124,89 p. 100

Quatrième période. (Trois éléments dosés.)

Chaux dosée.	Chaux normale.	Rapport
0 gr. 00136 (K. C.)	0 gr. 005147 (K. C.)	36,13 p. 100
Potasse dosée.	Potasse normale.	Rapport
0 gr. 0143 (K. C.)	0 gr. 024075 (K. C.)	59,38 p. 100
Magnésie dosée.	Magnésie normale.	Rapport
0 gr. 00109 (K. C.)	0 gr. 00247 (K. C.)	44,36 p. 100

Dès les premiers moments de la grossesse, la potasse diminue de 37,33 p. 100 dans le sol de la femme ; elle remonte de 29,88 p. 100 du deuxième au quatrième mois de la grossesse, tandis que la chaux tombe de 20,28 p. 100 ; la chaux continue de diminuer dans le sol jusqu'à la parturition, tandis que la magnésie qui était de 42,69 p. 100 pendant la troisième période, remonte légèrement de 1,67 p. 100 à la fin de la quatrième période ; la soude augmente dans de grandes proportions pendant que la chaux, la magnésie, la potasse diminuent dans le sol de la femme enceinte ; la potasse est utilisée chez la femme enceinte pour la transformation des corps ternaires, du glycogène ; la chaux et la magnésie sont utilisées pour la construction du squelette et des centres nerveux ; la soude, abondante, assure les échanges chimiques de la mère.

Nous possédons pour l'homme et la femme adulte

3.

et pour la femme en état de grossesse des moyens précis, vous le voyez, d'apprécier la valeur du sol ; restent les enfants. Les filles et les garçons ne se développent point de la même manière ; leur taille éminemment variable ne saurait point nous servir pour apprécier leur poids ; pour les enfants, nous sommes obligés d'établir leur poids anthropométrique d'après leur âge et de faire deux catégories distinctes : les garçons et les filles ; de diviser chacûne de ces catégories en deux périodes distinctes, c'est-à-dire de comparer le poids des filles et des garçons de cinq ans à dix ans à leurs âges respectifs, pour la première période, et de comparer également le poids des filles et des garçons à leurs âges respectifs de onze ans à quinze ans ; pour joindre l'âge de quinze ans à l'âge adulte nous employons pour les garçons et pour les filles un facteur commun ; ce facteur est 0,270. Nous mesurons la taille d'un jeune homme ou d'une jeune fille de dix-sept ans, je suppose ; nous ajoutons le produit de $0,270 \times H$, par la hauteur, au poids anthropométrique que nous fournirait directement la taille pour un adulte et nous divisons par 2.

Le poids anthropométrique ou esthétique de l'homme adulte est représenté par les deux derniers chiffres exprimant sa hauteur en centimètres ; un homme d'une taille de 180 centimètres, par exemple,

doit peser 80 kilogrammes ; le poids anthropométrique ou esthétique de la femme adulte est représenté par les deux derniers chiffres exprimant sa
hauteur en centimètres, moins 2,5 ; ainsi une femme
d'une taille de 160 centimètres doit peser 60 — 2,5,
soit 57 kg. 500 ; elle pèserait 58 kilogrammes que
je ne lui en voudrais point.

Il est souvent beaucoup plus facile d'avoir la
taille que le poids des enfants ; c'est pourquoi j'ai
établi pour les filles et les garçons respectivement
des coefficients qui permettront, la taille étant
connue, de trouver leur poids ; pour les garçons,
de cinq à onze ans, multiplier la taille exprimée en
centimètres par le facteur $0,233 = P$, le poids ; de
onze à quinze ans, multiplier la taille exprimée en
centimètres par le facteur $0,270 = P$, le poids ; pour
les filles de cinq à onze ans, multiplier la taille
exprimée en centimètres par $0,191 = P$, le poids ;
de onze à quinze ans, multiplier la taille exprimée
en centimètres par $0,287 = P$, le poids.

Au surplus, voici le tableau du poids anthropométrique des garçons et des filles, rapporté à leur
âge :

Age.	*Garçons.*	*Filles.*
5 ans.	22 kg. 500	18 kg.
6 —	24 — 500	19 — 500
7 —	26 — 000	22 — 000

Age.	Garçons.	Filles.
8 ans.	27 kg. 000	23 kg. 000
9 —	29 — 500	26 — 000
10 —	31 — 500	28 — 000
11 —	33 — 000	31 — 500
12 —	36 — 000	35 — 500
13 —	38 — 000	40 — 500
14 —	41 — 500	44 — 500
15 —	46 — 500	48 — 500

Vous pourrez, par la comparaison du poids et de l'âge, vous rendre compte combien, à partir de treize ans, le développement des filles distance le développement des garçons.

L'étude du sol des enfants mériterait de longs développements; nous aurons l'occasion, certainement, de les exposer un jour; pour aujourd'hui, je me bornerai à vous dire que pour l'analyse du sol des enfants vous rapporterez vos calculs au poids anthropométrique moyen tel qu'il est exposé dans ce tableau.

Voilà l'exposé, aussi succinct que possible, des données qu'il est indispensable de connaître pour interpréter une analyse du sol humain; tout paraît facile à déchiffrer dans les tableaux que je viens de faire passer devant vos yeux ; vous pourrez voir par ce qui va suivre, que l'analyse du sol humain, tel qu'il se présente à nous communément est difcile à lire.

QUATORZIÈME LEÇON

Messieurs,

Maintenant que nous sommes documentés sur le sol humain normal, sur la valeur de la minéralisation du sol humain, nous pouvons étudier avec fruit, le sol humain anormal ou déminéralisé.

Analyse du sol de Mme X.

Age..	33 ans.
Taille.	1 m. 76
Poids réel	93 kg.
Poids anthropométrique	73 — 500
Volume moyen d'urine par 24 heures.	1 125 cm³
Densité à + 15° C..	1 024,8
Volume par kilo-heure.	0 gr. 504

Éléments dosés par vingt-quatre heures :

Eau urinaire.	1 095,525
Eléments dissous.	57,375
— organiques.	38,25
— minéraux	19,125

Urée.	23,25
Azote urée	10,81843
Azote total	13,7109
Coefficient azoturique.	79,49
Acide urique.	0,781875
— sulfurique	2,5974625
— phosphorique	1,96875
Chlorures	9,04303125
Chlore	5,48524875
Chaux.	0,2835
Magnésie	0,08109
Potasse	1,6050375
Soude.	6,72
Albumine.	néant.
Albuminates.	néant.
Corps réducteurs rapportés au glucose.	2,8125
Fer	caractérisé.
Fluor	caractérisé.

Examen microscopique : urates très abondants, cellules épithéliales diverses.

Il s'agit du sol d'une femme et à première vue il paraît se rapprocher, pour les vingt-quatre heures moyennes, de la moyenne normale. En nous fiant à ces résultats analytiques, nous déclarerons, et à la malade, car c'est une malade, et à la famille, que l'intervention du médecin serait inutile sinon, peut-être, nuisible, puisque les 2 gr. 81 de corps réducteurs rapportés au glucose ne sauraient armer notre thérapeutique et nous ordonnerons les voyages pour nous débarrasser d'une cliente ennuyeuse et dans l'espoir que le changement de milieu sera profitable à sa santé, je vous l'accorde. La malade partira en voyage, seriez-vous le *prince* de la science le plus réputé, elle ne reviendra point de son voyage pour vous, tout au moins pas pour longtemps ; en effet le voyage n'a point amélioré la santé de la malade ; elle va chercher ailleurs des conseils plus utiles à son état de maladie.

Vous aurez d'abord, un premier reproche à vous faire ; vous n'avez pas su lire le résultat de son analyse urinaire ; si vous aviez su lire l'analyse, c'est-à-dire la comparer à l'analyse normale, vous auriez vu de suite que le phosphore et le magnésium étaient inférieurs au taux normal, mais vous avez lu : urée = 23,35 ; albumine = 0 ; sucre = 2,81, insignifiant, et vous avez conclu : *état normal.* Combien votre erreur vous apparaîtra plus grande lorsque vous rapporterez, comme nous allons le faire, chacun des éléments dosés au poids réel d'abord, au poids anthropométrique, ensuite.

Je vous ait dit que le sol de la femme ne s'éloignait pas sensiblement du sol de l'homme quand on tenait compte de la valeur du poids et de la taille, de la relation du poids et de la taille de la femme.

Analyse du sol de Mme X.; éléments dosés, rapportés aux éléments normaux par kilo-heure et par kilo corporel réels.

Poids réel	93 kg.
— anthropométrique	73 — 500
Surcharge	19 — 500
Volume d'urine en 24 heures	1125 cm³
Volume d'urine en 24 heures selon le poids réel	2066,832
Volume par kilo-heure	0,504
Volume moyen normal par kilo-heure	0,926
Volume par kilo corporel rapporté au poids réel de 93 kg	86 cm³,118

Volume de l'urine par kilo corporel moyen normal rapporté au poids moyen réel de la femme de 20 à 60 ans, dans notre milieu social, qui est de 54 kilogrammes, d'où nous pouvons déduire la taille moyenne 1 m. 57.

Urine	50 cm³
Eau urinaire normale	0,482
Eau urinaire de Mme X	0,86
Eléments dissous	0,616
— organiques	0,411
— minéraux	0,205
Urée	0,251
Azote urée	0,117
— total	0,147
Coefficient azoturique	79,49
Acide urique	0,00841
— sulfurique	0,0277
— phosphorique	0,0211

Chlore.   0,0589
Chaux.   0,003048
Magnésie   0,000871
Potasse   0,0172
Soude.   0,0722

Tels sont les rapports du sol de notre malade avec son poids réel. Voyons quels sont les rapports des éléments constitutifs du sol de la malade à son poids anthropométrique ou esthétique.

Taille 1 m. 76, d'où poids anthropométrique = 76 kg. 250, soit, d'après les données que nous avons établies antérieurement, P = 73 kg. 500.

Volume d'urine de vingt-quatre heures déduit du poids anthropométrique = 1633 cm³ 464.

Volume moyen normal de l'urine déduit du poids moyen de la femme = 1146 cm³ 09.

Eléments dosés, rapportés au kilo corporel du poids anthropométrique et comparés au poids des éléments moyens normaux.

Poids anthropométrique = 73 kg. 500.

ÉLÉMENTS DOSÉS	MALADE	NORMAUX	DIFFÉRENCES	
Eau urinaire	14,90	15,67	0,77	—
Eléments dissous . . .	0,78	0,35	0,07	—
— organiques .	0,52	0,59	0,07	—
— minéraux .	0,26	0,26		—

ÉLÉMENTS DOSÉS	MALADE	NORMAUX	DIFFÉRENCES	
Urée.	0,31	0,40	0,09	—
Azote urée	0,148	0,179	0,031	—
Azote total.	0,186	0,211	0,025	—
Coefficient azoturique.	78,83	86,50	7,01	—
Acide urique	0,0106	0,008	0,0026	+
— sulfurique . . .	0,035	0,0307	0,0043	+
— phosphorique. .	0,022	0,04	0,018	—
Chlore.	0,074	0,102	0,028	—
Chaux.	0,0038	0,0053	0,00152	—
Magnésie.	0,00108	0,0026	0,0015	—
Potasse	0,021	0,025	0,004	—
Soude	0,091	0,086	0,005	+

La fréquence du signe : *moins*, dans ce tableau,
vous indique que la malade dont nous avons analysé le sol est pauvre en toutes choses utiles, et,
fait bizarre, la somme des éléments dissous est
égale à la normale ; c'est là un exemple de l'observation que j'ai commentée devant vous, à savoir
que vous ne pouvez pas vous laisser aller à conclure de la valeur d'un sol déterminé par la somme
de sa minéralisation. Si nous admettons que l'urée
est en rapport avec l'activité organique, l'activité
de la femme étant, en général, moins grande que
celle de l'homme, nous saurons nous contenter de
23 gr. 35 d'urée. Mais, n'allons pas si vite ; pour
mieux vous faire comprendre tout à l'heure l'intérêt, que nous avons à rapporter le poids des élé-

ments constituants du sol humain au kilo corporel anthropométrique comparons entre eux les rapports du kilo corporel réel et du kilo corporel anthropométrique.

Rapports du poids des éléments constituants du sol de Mme X. au kilo corporel réel et au kilo corporel anthropométrique.

POIDS	RÉEL	ANTHRO-POMÉTRIQUE	SURCHAGE	
Poids	93 kg.	73 kg. 500	19 kg. 500	
Volume d'urine . .	1 125 cm³	1587cm³ 864	462 cm³ 864	—
Élém. dissous . . .	0 gr. 147	0 gr. 78	0 gr. 164	+
— organiques .	0 — 616	0 — 52	0 — 109	+
— minéraux. .	0 — 411	0 — 26	0 — 055	+
Urée.	0 — 205	0 — 31	0 — 059	+
Azote urée.	0 — 251	0 — 148	0 — 031	+
Azote total	0 — 147	0 — 186	0 — 039	+
Coefficient azoturique.	79,49	78,83	0,66	—
Acide urique . .	0 gr. 00841	0 gr. 0106	0 gr. 00219	+
— sulfurique. .	0 — 0277	0 — 035	0 — 0073	+
— phosphorique	0 — 0211	0 — 022	0 — 009	+
Chlore.	0 — 0539	0 — 074	0 — 015	+
Chaux.	0 — 003048	0 — 0038	0 — 000752	+
Magnésie	0 — 000871	0 — 00108	0 — 000209	+
Potasse	0 — 0172	0 — 021	0 — 0638	+
Soude.	0 — 0722	0 — 091	0 — 0188	+

D'abord, nous trouvons une surcharge de 19 kg. 500, si nous comparons le poids esthétique au poids normal ; cette surcharge est faite de déchets, graisse, et autres réserves ; elle ne peut raisonnablement pas entrer en ligne de compte dans les calculs touchant les éléments du sol sinon pour les éliminer ; ensuite nous avons 462 cm³ près de 463 cm³ d'eau en moins, conséquence fatale de la surcharge graisseuse comme le savent ceux d'entre vous qui ont suivi assidûment nos leçons, puisque, comme nous vous l'avons démontré l'année dernière, plus un être est gros moins il contient d'eau, réservant d'ailleurs toutes autres causes de la diminution du liquide urinaire.

Que nous considérions le poids réel ou le poids anthropométrique, la totalité des éléments dissous, les éléments minéraux et organiques du sol sont au-dessous de la moyenne normale ; cependant le poids des éléments minéraux rapportés au poids anthropométrique est normal, comme je vous l'ai fait remarquer tout à l'heure. L'azote de l'urée, l'azote total sont au-dessous de la normale et conséquemment le coefficient azoturique, aussi voyons-nous l'acide urique s'élever de 65 p. 100 au-dessus de la moyenne normale.

L'acide phosphorique descend de 45 p. 100 au-dessous de la normale et tous les autres éléments, le chlore, la chaux, la magnésie et la potasse suivent la chute de l'acide phosphorique ; la soude par contre se maintient au niveau de la normale distançant de beaucoup tous les autres éléments de minéralisation. Que conclure ? Que les tissus sont

en nutrition retardante puisque tous les éléments
qui représentent la vie de ces tissus manquent
dans le sol analysé ; mais pourquoi manquent-ils ?
manquent-ils parce que les tissus ne travaillent
point ? Manquent-ils effectivement et les tissus ont-
ils arrêté leur travail par *déficit* des éléments de
leur activité ; en un mot, sommes-nous en présence
d'une inanition minérale relative, d'une déminéralisation ? L'absence des éléments de constitution
du sol, ou pour être plus exact, la diminution des
éléments de constitution du sol ne tient point à la
paresse des tissus, mais les tissus ne travaillent
point parce qu'ils sont déminéralisés ; en voici la
preuve : le chlore est au-dessous de sa tâche et de
ce fait capital découle, pour une grande partie, la
déminéralisation ; la soude est normale sinon supérieure à la normale, elle ne peut se lier en totalité
au chlore son compagnon le plus fidèle ; elle est
donc présente pour neutraliser les acides que ne
peuvent neutraliser les autres bases diminuées ;
c'est l'unique moyen de défense qui reste à la vie
pour s'entretenir ; la soude remplira ce rôle pendant quelque temps encore, mais si nous ne venons
point au secours de l'organisme, elle s'épuisera à
son tour et la nutrition, l'organisme seront frappés
de déchéance ; nous sommes donc autorisés à dire
que le sol de notre malade est déminéralisé en ce

qui touche le phosphore, la chaux, la magnésie, la potasse, et que ce même sol est en voie de déminéralisation en ce qui touche la soude.

Pour remédier à cette déminéralisation relativement accomplie et à cette déminéralisation, en voie de réalisation, qu'allons-nous faire ? Premièrement, nous ne nous occuperons point de la surcharge ; nous prendrons notre malade comme si le rapport de son poids à sa taille était normal ; les surcharges ne méritent pas de vivre ; nous calculerons son déficit pour chaque élément de minéralisation et nous chercherons à restituer à l'organisme par kilo corporel et par vingt-quatre heures, poids moléculaire pour poids moléculaire, les éléments de minéralisation défaillants. Parviendrons-nous à restituer à notre malade sa minéralisation absente, par intussusception, par la voie stomacale ou bien par la voie hypodermique ? Par la voie stomacale, peut-être ! cependant, je vous ferai observer que le chlore est déjà insuffisant et que si nous laissons arriver dans l'estomac des substances capables de neutraliser entièrement le chlore à mesure qu'il apparaît dans la cavité gastrique, nous compromettrons et la digestion des albuminoïdes et aussi la transformation utile en composés albumino-minéraux des éléments de minéralisation qui ne seront point absorbés ou qui nuiront à la nutrition si la dialyse les amène dans la circulation. La voie stomacale ne sera que partiellement employée pour la reminéralisation ; de préférence, nous emploierons la voie hypodermique. Nous agirions tout autrement si nous étions en présence d'un excès de chlore dans le sol, d'une hyperchlorurie ; alors nous ferions arriver tous nos éléments de reminéralisation dans l'estomac ; nous perfectionnerons ainsi la digestion et conséquemment la nutrition ; la quantité de chlore contenue dans le sol humain déterminera donc le choix des voies à suivre pour la reminéralisation.

Nous venons d'analyser et d'étudier le sol d'une femme atteinte de nutrition retardante et de ces manifestations protéiformes appelées neurasthénie ; nous analyserons maintenant le sol d'un homme également atteint de nutrition retardante, de neurasthénie et en même temps de rhumatisme goutteux ; rien de plus fréquent que les affections dites rhumatismales chez les personnes atteintes de nutrition retardante ; comme vous le verrez, la forme rhumatismale qui frappe les sujets atteints de nutrition retardante est loin d'être de même nature, alors que la lésion matérielle porte toujours sur le même tissu.

Analyse minérale du sol de M. X. Éléments minéraux urinaires par kilo corporel et par kilo-heure anthropométrique.

ÉLÉMENTS	MALADE	ÉTAT NORMAL	DIFFÉRENCE	
Eau urinaire par kilo-heure	0 gr. 52	0 gr. 36	0 gr. 34	
Acide phosphorique. . .	0 — 028	0 — 04	0 — 012	—
Chlore.	0 — 071	0 -- 102	0 — 031	—
Chaux.	0 — 0017	0 — 0053	0 — 0036	—
Magnésie	0 — 0008	0 — 0026	0 — 0018	—
Potasse	0 — 031	0 — 025	0 — 0058	+
Soude	0 — 037	0 — 086	0 — 049	—

Comparez les mêmes éléments de minéralisation du sol de la femme que nous avons étudiée aux éléments de minéralisation du sol de l'homme que nous étudions; l'homme a quarante ans, il pèse 80 kilogrammes, il a une taille de 1^m,77 et le volume moyen de son urine est de 1 050 centimètres cubes par vingt-quatre heures.

La femme a moins d'acide phosphorique, plus de chlore, de chaux, de magnésie, plus de soude et moins de potasse que l'homme; la déminéralisation de la femme ne porte donc pas sur les mêmes éléments que la déminéralisation de l'homme; voilà deux sujets atteints tous les deux de nutrition retardante, de neurasthénie; ces deux sujets ne font point leur minéralisation sur les mêmes éléments

et si la symptomatologie se rapproche chez eux en
bien des points, le *substratum* de cette symptomatologie n'est point pareil ; d'où la nécessité absolue
d'analyser le sol de chaque malade et la supériorité
incontestable du traitement tiré de l'analyse sur le
traitement tiré de la symptomatologie.

ÉLÉMENTS MINÉRAUX	FEMME MALADE	HOMME MALADE	FEMME ÉTAT NORMAL	HOMME ÉTAT NORMAL	FEMME DIFFÉRENCE	HOMME DIFFÉRENCE
	gr.	gr.	gr.	gr.	gr.	gr.
Acide phosphoriq.	0,022	0,028	0,041	0,04	0,019	0,014
Chlore	0,074	0,071	0,102	0,102	0,038	0,031
Chaux	0,0038	0,0017	0,0053	0,0053	0,0015	0,0036
Magnésie.	0,00108	0,0008	0,0026	0,0026	0,00152	0,0018
Potasse.	0,0211	0,031	0,025	0,025	0,0035	0,0058 +
Soude	0,091	0,037	0,086	0,086	+0,005	0,049

J'ai beaucoup moins le souci dans ces quelques
leçons consacrées à la déminéralisation de l'homme,
d'étudier avec vous la déminéralisation sous toutes
ses formes que de vous enseigner à manier l'analyse
du sol humain afin que vous sachiez reconnaître la
nature et le degré de la déminéralisation d'un sujet
donné, afin que vous puissiez réparer la déminéralisation quelle qu'elle soit. Je prends comme exemple
de déminéralisation l'homme atteint de nutrition
retardante ; l'homme atteint de nutrition retardante

est le plus intéressant de tous les déminéralisés, car il constitue à proprement parler toute l'humanité ; en effet, malgré ses nombreuses misères pathologiques, c'est lui qui fournit la plus longue et la plus utile des carrières, mais vous le verrez venir vers vous le plus souvent accablé de fatigue, las, endolori par tout le corps, rhumatisant en un mot ; la dystrophie dite rhumatismale est la plus fréquente de toutes les dystrophies dans la nutrition retardante.

Le rhumatisme polyarticulaire aigu dont nous nous occuperons dans une leçon ultérieure est une affection à manifestations microbiennes multiples ; le microbe spécial du rhumatisme articulaire aigu n'est pas encore trouvé disent les auteurs experts en microbiologie ; le streptocoque, un streptocoque tout au moins, paraît être l'agent pathogène du rhumatisme subaigu ; sous le nom de rhumatisme chronique, la pathologie comprend un certain nombre d'affections différentes de forme et d'origine ; mais les affections confondues sous le nom de rhumatisme chronique aboutissent à un résultat commun, *à la déminéralisation*. Un fait digne de remarque, c'est que toutes les maladies intoxicantes, soit que l'intoxication vienne du dehors, que l'intoxication soit microbienne, soit que l'intoxication, pour ainsi dire autochtone, naisse au sein d'un groupe déterminé de cellules de l'organisme, toutes les intoxications, dis-je, frappent l'homme et les animaux par le même côté, par la déminéralisation. Certes, et vous venez de le voir par l'analyse comparée de deux sols humains, la chute des élémenmts minéralisateurs de l'organisme, est inégale et variable, mais si les dominantes minérales de quelques tissus, de quelques humeurs paraissent résister mieux que d'autres, il arrive un moment, je parle des affections chronique seulement, où l'organisme ruiné offre à l'analyste la même intensité de misère minérale ; c'est avec peine que l'on distingue, au milieu de cette misère, les éléments minéraux dominants sur lesquels s'appuie la résistance du malade.

La déminéralisation peut affecter les tissus ou les humeurs séparément, ou les tissus et les humeurs simultanément. Les humeurs sont déminéralisées par des poisons appelés *toxines* provenant de micro-organismes résidant dans un ou plusieurs tissus malades ; c'est de la *toxinisation;* elles peuvent être primitivement déminéralisées par hérédité ; elles modifient alors l'évolution de la cellule génératrice. Pour les rhumatismes chroniques, il ne nous paraît pas douteux que la lésion humorale, si l'on peut s'exprimer ainsi, ne précède et ne prépare la lésion du tissu. Je ne crois pas, comme l'a pensé Ebstein,

que dans le rhumatisme goutteux, par exemple,
l'altération des tissus soit l'acte premier des dépôts
d'urate de soude ; la formation de l'acide urique a
précédé l'altération du tissu, et les incrustations ne
sont que l'un des épiphénomènes du rhumatisme
goutteux. L'altération du tissu est le résultat d'une
hyperacidité du milieu humoral, d'une hyperacidité
réelle du milieu intérieur.

L'observation nous enseigne que le tissu fibreux
est le plus ordinairement atteint par le rhumatisme
chronique ; la cause de cette prédilection du rhumatisme chronique pour le tissu fibreux se trouve,
sans doute, dans le peu de vitalité du tissu fibreux
qui se déminéralise le plus lentement, mais qui se
reminéralise le plus difficilement quand il est
déminéralisé ; le tissu fibreux vit moins qu'aucun
autre tissu, moins que le cartilage ; en effet le tissu
fibreux contient 39 p. 100 d'eau et le tissu cartila-
gineux en contient 59 p. 100.

Analyse minérale du tissu fibreux normal, frais.

Eau.	393 cm³ p. 1000
Matière organique plus CO² . . .	603 gr. 44
Matière minérale.	3 — 56

La matière minérale se compose de :

Acide phosphorique	0 gr. 126
— sulfurique	0 — 129

Chlore	0 gr. 756
Chaux.	0 — 420
Magnésie	0 — 101
Potasse	0 — 309
Soude.	1 — 501
Silice	0 — 0125
Fer	0 — 00187

Le tissu fibreux est riche en chlorure de sodium, en soude combinée à la matière organique ; il est riche en chaux ; le tissu fibreux contient peu d'acides phosphorique et sulfurique ; je dois vous faire remarquer que le taux des acides phosphorique et sulfurique est d'autant moins élevé que le phosphore et le soufre oxydés de la matière organique viennent s'ajouter, pour une partie tout au moins, aux acides phosphorique et sulfurique préexistants.

Dominante minérale du tissu fibreux : soude.

Sous-dominante minérale : chaux.

Le tissu fibreux est-il altéré dans le rhumatisme chronique ? En dehors de toute analyse chimique, en dehors des attestations de l'anatomie pathologique, la déformation des articulations serait une preuve suffisante de l'altération du tissu fibreux dans le rhumatisme chronique, mais l'analyse chimique démontre d'une manière indiscutable cette altération.

14.

*Analyse minérale du tissu fibreux frais
dans le rhumatisme noueux.*

Acide phosphorique	0 gr. 124	p. 1000
— sulfurique.	0 — 126	—
Chlore	0 — 390	—
Chaux	0 — 093	—
Magnésie.	0 — 020	—
Potasse.	0 — 068	—
Soude	0 — 490	—

*Analyse minérale du tissu fibreux frais
dans le rhumatisme goutteux.*

Acide phosphorique	0 gr. 101	p. 1000
— sulfurique	0 — 106	—
Chlore	0 — 254	—
Chaux	0 — 060	—
Magnésie.	0 — 032	—
Potasse.	0 — 110	—
Soude	0 — 103	—

*Analyse minérale du tissu fibreux frais
dans le rhumatisme fibreux.*

Acide phosphorique	0 gr. 0433	p. 1000
— sulfurique	0 — 0433	—
Chlore	0 — 26	—
Chaux	0 — 144	— .
Magnésie.	0 — 0347	—
Potasse.	0 — 172	—
Soude	0 — 516	—

QUINZIÈME LEÇON

Messieurs,

Après l'analyse minérale du tissu fibreux des rhumatisants chroniques, voici la moyenne de l'analyse minérale du sérum sanguin des mêmes rhumatisants.

```
Eau . . . . . . . . . . . . . .   910 cm³ 16 p. 1000
Sels . . . . . . . . . . . . .      7 gr. 10
Matière organique. . . . . .      82 — 74
```

Coefficient de minéralisation ou rapport de la matière minérale à la matière organique : 8.58 ;

Coefficient de minéralisation du sérum normal : 9,55.

La minéralisation du sérum normal est de 10,16 p. 100 plus élevée que la minéralisation du sérum des rhumatisants chroniques ; le sérum des rhumatisants chroniques est donc déminéralisé. Il semblerait que la vie dût être plus active chez le rhumatisant chronique que chez l'homme normal, puisque son sérum sanguin contient une plus grande quantité d'eau ; oui, mais si l'eau représente dans l'organisme une activité vitale en rapport avec son volume, c'est à la condition que le rapport entre eux des éléments minéraux solubles soit normal ; or, les analyses précédentes et celles qui suivent nous démontrent que la relation de participation à la vie des éléments minéraux tant du sérum sanguin que du tissu fibreux des rhumatisants chroniques est compromise.

Minéralisation du sérum normal (Schmidt).

Acide phosphorique.	0 gr.	37	p.	1000
— sulfurique.	0 —	13	—	
Chlore.	3 —	61	—	
Chaux	0 —	163	—	
Magnésie.	0 —	101	—	
Potasse.	0 —	39	—	
Soude	4 —	46	—	

Minéralisation du sérum des rhumatisants chroniques.

Acide phosphorique.	0 gr.	298	p.	1000
— sulfurique.	0 —	0848	—	
Chlore.	2 —	91	—	
Chaux	0 —	131	—	
Magnésie.	0 —	0814	—	
Potasse	0 —	314	—	
Soude	3 —	598	—	

Les rhumatisants chroniques sont des déminéralisés, déminéralisés non seulement dans le tissu qui est le siège du rhumatisme chronique, mais déminéralisés encore dans leurs humeurs, dans la première des humeurs, dans leur sérum sanguin, dans la proportion de 20 p. 100 (19,49).

Le tissu fibreux normal contient 3 gr. 542 de matière minérale, abstraction faite du fer et de la silice, pour 1000 grammes de substance fraîche ; le tissu fibreux dans le rhumatisme noueux contient 1 gr. 311 de matière minérale pour 1000 grammes de substance fraîche ; le tissu fibreux dans le rhumatisme fibreux contient 1 gr. 214 de matière minérale pour 1000 grammes de substance fraîche ; le tissu fibreux, dans le rhumatisme goutteux contient 0 gr. 766 de matière minérale pour 1000 grammes de substance fraîche.

C'est dans le rhumatisme goutteux que le tissu fibreux est le plus déminéralisé ; tandis que dans le rhumatisme fibreux et le rhumatisme noueux la soude reste la dominante de minéralisation, dans le rhumatisme goutteux, trait caractéristique, la soude passe au second plan et la potasse devient la dominante de la soude de 7 p. 100 ; dans le tissu fibreux du rhumatisme fibreux l'acide phosphorique tombe de 66 p. 100 au-dessous de la normale ; enfin, dans le tissu fibreux du rhumatisme noueux la magnésie est l'élément qui souffre le plus comparativement aux autres éléments de minéralisation des différentes formes du rhumatisme chronique et tombe à 81 p. 100 au-dessous de la moyenne normale.

| | TISSU FIBREUX | | | |
	NORMAL	RHUMATISME NOUEUX	RHUMATISME FIBREUX	RHUMATISME GOUTTEUX
Acide phosphorique .	0 gr. 126	0 gr. 124	0 gr. 0433	0 gr. 101
— sulfurique. . .	0 — 129	0 — 126	0 — 0433	0 — 106
Chlore	0 — 756	0 — 39	0 — 26	0 — 254
Chaux	0 — 420	0 — 093	0 — 144	0 — 060
Magnésie	0 — 101	0 — 020	0 — 0347	0 — 032
Potasse.	0 — 509	0 — 068	0 — 172	0 — 110
Soude.	1 — 501	0 — 490	0 — 516	0 — 103
Total.	3 gr. 542	1 gr. 311	1 gr. 2143	0 gr. 766

Nous sommes en présence d'une rupture complète d'équilibre bio-chimique. En dehors même de toute conception pathogénique, ce qui rend les faits que je viens d'exposer instructifs, c'est que la rupture de l'équilibre bio-chimique a lieu aux dépens d'éléments chimiques différents, en relation, sans doute, avec la manifestation pathologique.

Sans outrer les comparaisons, car la vie utilise

généralement les mêmes éléments pour ses manifestations, si un cultivateur voyait sa terre manquant des aliments premiers qui assureront le développement de sa future récolte, il n'hésiterait pas un instant à jeter sur son champ de culture, en proportions convenables, par des moyens appropriés, les aliments indispensables, ces aliments, nous le savons, ne sont point des matières azotées, mais bien la matière minérale. Que n'agissons-nous pas avec la même sagesse que le cultivateur? Que ne donnons-nous pas à l'organisme animal, selon les modes que comporte son organisation, les aliments primordiaux de toute cellule vivante, les minéraux, lorsqu'ils viennent à lui manquer ? L'expérience nous a démontré un grand nombre de fois qu'une reminéralisation savamment dirigée prolongeait toujours la vie des malades, les guérissait souvent. Ainsi en est-il du traitement des rhumatismes chroniques par la reminéralisation. Il est certain que nous ne mettrons pas de la potasse dans un sol qui manque de chaux, ou de la magnésie exclusivement dans un sol qui manque de soude ; nous ferons une reminéralisation appropriée à chaque sol et le sol nous le connaîtrons par des analyses multiples des urines ; nous ne soignerons donc pas la forme goutteuse, fibreuse, noueuse du rhumatisme, de la

même manière, et, si les éléments de reminéralisation sont les mêmes, leurs proportions varieront;
elles seront en rapport avec la qualité du sol. Nous
aurons pour nous guider et les analyses que nous
avons faites du tissu fibreux péri-articulaire et pour
chacun, en particulier, les moyennes des analyses
urinaires.

La moyenne de chaque élément minéral urinaire étant connue le traitement reminéralisateur
de chaque malade sera compris de manière à restituer à l'organisme un poids équivalent des éléments minéraux défaillants. Nous ferons par là
quelque chose d'analogue à l'analyse du sol végétal par les plantes, seulement, au lieu de prendre
la minéralisation à la fin de l'évolution vitale de
l'individu comme pour les plantes, nous déterminerons la minéralisation du sol animal au milieu
de l'activité vitale de l'individu.

L'expérience nous enseigne que nous devons
fournir à l'organisme déminéralisé un poids de
matière minérale légèrement supérieur à celui que
nous indiquent les analyses ; il en est de même
pour l'eau, à l'état physiologique ; en effet, la statique de l'eau nous démontre que le volume journa-
lier de l'eau strictement nécessaire, d'après les calculs les plus rigoureux, est insuffisant pour la vie
normale de l'homme et des animaux. Pour la remi-

néralisation des malades en général et des rhumatisants en particulier, nous serons obligés de pro-
céder à un certain nombre d'opérations indispensables :

1° Analyser les urines d'au moins trois fois vingt-
quatre heures consécutives ;

2° Rapporter le poids de l'*eau urinaire* au poids
anthropométrique par kilo-heure ;

3° Rapporter le poids des éléments minéraux
fournis par l'analyse urinaire au poids anthropométrique par kilo corporel ;

4° Doser les composés reminéralisateurs de telle
sorte que leur poids moléculaire corresponde au
poids moléculaire des éléments minéraux utilisés à
l'état normal, en moyenne, par vingt-quatre heures
et par kilo corporel.

Je ne fais allusion ici qu'à la reminéralisation
par la voie stomacale ; la reminéralisation par la
voie hypodermique donne de brillants résultats ;
je vous ai dit dans une autre leçon que la quantité
de chlore contenu dans le sol humain devait déterminer le choix des moyens de reminéralisation.

Lors donc que vous posséderez l'âge, la taille, le
poids et le sexe et l'analyse moyenne des éléments
minéraux urinaires d'un malade vous pourrez établir le traitement reminéralisateur.

Nous devons par conséquent, ajouter à l'alimentation minérale des deux malades que nous avons analysés la différence qui existe entre la somme des éléments minéraux dosés dans leurs urines et la somme des éléments minéraux urinaires normaux par kilo corporel, c'est-à-dire que nous devrons multiplier la différence de chaque élément défaillant par le poids anthropométrique du malade, soit, pour Mme X. : $0,022 \times 73,5 = 1$ gr. 323 ; $0,074 \times 73,5 = 2,058$; $0,0038 \times 73,5 = 0$ gr. 11025 ; $0,00108 \times 73,5 = 0$ gr. 11172 ; $0,0211 \times 73,5 = 0$ gr. 294 ; soude en excès ; soit pour M. X. : $0,012 \times 80 = 0$ gr. 96 ; $0,031 \times 80 = 2$ gr. 48 ; $0,00368 \times 80 = 0$ gr. 2944 ; $0,0018 \times 80 = 0$ gr. 144 ; $0,049 \times 80 = 3,52$; potasse en excès.

Pourquoi chez la femme cet excès de soude ? Pourquoi chez l'homme cet excès de potasse ? C'est que le chlore est plus abondant chez la femme que chez l'homme ; la soude s'élimine presque tout entière par les urines sous forme de chlorure de sodium ; la potasse s'élimine par les urines en grande partie sous forme de phosphate acide de potassium, mais la potasse et la soude se trouvent en excès, par pénurie des bases terreuses, et en y regardant de près, nous verrons que l'homme est plus malade que la femme, d'abord parce que le sol de l'homme est plus pauvre en chlore que le sol de la femme, ensuite, parce que le potassium est la dominante minérale du muscle et la sous-dominante minérale du globule sanguin et c'est aux muscles, au globule sanguin que nous devons penser car si l'acide phosphorique est descendu chez l'homme, il est tombé moins bas que chez la femme et c'est moins la cellule nerveuse que le muscle, que l'hématie, qui sont touchés par la déminéralisation.

En même temps que des déminéralisés nos malades sont des déshydratés; en effet, le kilo-heure urinaire de la femme est de 0,482, le kilo-heure de l'homme est de 0,52, tandis que le kilo-heure moyen normal c'est-à-dire la quantité d'eau de l'urine émise par kilo corporel et par heure est, dans nos climats, de 0,86. En sus des éléments minéraux défaillants, nous serons obligés de restituer à l'organisme de nos malades la quantité d'eau que nous indiquera la différence de 0,86 — 0,482 = 0,378 $\times$ 73,5 = 27,78 $\times$ 24 = 666 gr. 79 d'eau pour la femme; de 0,86 — 0,52 = 0,34 $\times$ 80 = 27,20 $\times$ 24 = 652 gr. 80 d'eau pour l'homme.

L'eau joue chez tous les êtres vivants un rôle trop important pour qu'il soit permis de la négliger dans l'institution d'un traitement quel qu'il soit.

Lorsque nous aurons établi les bases d'un traitement reminéralisateur approprié , il nous restera à faire la posologie des combinaisons médicamenteuses ; il serait préférable de dire des aliments minéraux. Les calculs précédents nous ont donné comme manquant : 1 gr. 323 d'acide phosphorique ; 2 grammes de chlore ; 0 gr. 11 de chaux ; 0 gr. 11 de magnésie et 0 gr. 29 de potasse chez la femme ; 0 gr. 96 d'acide phosphorique ; 2 gr. 48 de chlore ; 0 gr. 29 de chaux ; 0 gr. 14 de magnésie et 3 gr. 52 de soude chez l'homme.

Nous savons que plus le poids atomique des acides ou des corps faisant fonction d'acides qui forment avec les oxydes métalliques des sels définis est élevé, plus l'activité biochimique de ces sels est grande ; or, les acides de poids atomique le plus élevé se rencontrent parmi les acides organiques ; nous choisirons donc de préférence parmi les aliments minéraux dont nous pouvons disposer pour la reminéralisation de l'homme, les aliments formés d'une base minérale et d'un acide organique ; je vous ai dit, ailleurs, pourquoi nous ne pouvions pas nous adresser directement à la matière minérale en combinaison naturelle avec la matière organique pour la reminéralisation de l'homme ; le poids de la matière alimentaire à absorber serait beaucoup trop considérable pour obtenir une reminéralisation suffisante ; parmi les sels destinés à la

reminéralisation nous choisirons de préférence, dis-
je, les sels formés d'un acide et d'une base biodynamiques, je veux dire d'un acide et d'une base entrant
toujours dans la constitution normale de l'homme.
Lorsque nous devrons restituer à un organisme
pauvre en acide phosphorique, en chaux et en
magnésie, le phosphore, le calcium et le magnésium, nous prendrons comme agents de reminéralisation les phosphoglycérates de chaux et de magnésie, l'acide phosphoglycérique ayant un poids
atomique relativement élevé et se rencontrant en
outre comme l'un des éléments biodynamiques
normaux dans l'organisme humain ; l'expérience
du reste a consacré la valeur de notre choix ; la
plus grande partie de la chaux et de la magnésie
se trouve à l'état de phosphoglycérates, dans les
centres nerveux notamment, tout comme la soude
et la potasse se trouvent, pour la plus grande partie,
à l'état de chlorures, souvent à l'état d'albuminates
dans les humeurs, j'entends par là le sérum sanguin et certaines sécrétions qui en dérivent.

Nous venons de voir que la femme, notre malade,
manquait de 1 gr. 323 d'acide phosphorique ; de
2 grammes de chlore ; de 0 gr. 11 de chaux et également de 0 gr. 11 de magnésie ; de 0 gr. 29 de
potasse ; or, 50 centigrammes de phosphoglycérate
de chaux nous fourniront 0 gr. 1138 de chaux ;

582 milligrammes (0 gr. 582) de phosphoglycérate
de magnésie nous fourniront 0 gr. 11 de magnésie ;
465 milligrammes de chlorure de potassium nous
fourniront 0 gr. 29 de potasse ; nous avons encore
besoin de l'acide phosphorique et du chlore ; or,
0 gr. 50 de phosphoglycérate de chaux nous donneront en même temps que la chaux nécessaire
0 gr. 1443 d'acide phosphorique ; 0 gr. 582 de phosphoglycérate de magnésie nous donneront 0 gr. 195
d'acide phosphorique, soit au total 0 gr. 3393 d'a-
cide phosphorique, mais nous avons besoin de
1 gr. 323 d'acide phosphorique et jusqu'ici nous
n'en avons que 0 gr. 3393 ; il nous reste à trouver
0 gr. 9837 d'acide phosphorique ; avant de chercher
à combler ce déficit d'acide phosphorique, voyons
comment nous pourrons trouver le chlore ; les
0 gr. 465 de chlorure de potassium dont le potassium représente les 0 gr. 25 de potasse absente
nous fourniront 0 gr. 214 de chlore ; il nous faut
encore 1 gr. 786 de chlore. Si vous vous en souvenez notre malade était déminéralisée, quant à
l'acide phosphorique, quant à la chaux, à la magnésie et à la potasse ; elle était en voie de déminéralisation quant à la soude ; nous devons restituer de la soude, momentanément du moins, et
cette soude nous la restituerons sous la forme la
plus répandue dans l'organisme, sous la forme de

chlorure de sodium. L'excès de soude du sol de notre malade rapporté au poids anthropométrique est de 1 gr. 39 qui peut être représenté par 1 gr. 908 de chlorure de sodium, soit 1 gr. 148 de chlore ; il nous manque encore 0 gr. 638 de chlore et voilà que nous n'avons plus ni de la soude, ni de la potasse disponibles pour le combiner ; qu'allons-nous devenir ? Non seulement les bases nous manquent pour les combiner au chlore dont nous avons besoin, mais nous venons de laisser en l'air l'acide phosphorique que la chaux et la magnésie défaillantes sont insuffisantes à neutraliser. Veuillez vous rappeler que l'urine de Mme X. est franchement acide, qu'elle contient 0 gr. 78 d'acide urique et 2 gr. 81 de corps réducteurs ternaires rapportés au glucose. On m'a contesté, mais j'ai pour moi l'autorité de Liebig et d'Armand Gautier, que l'acide phosphorique ne se combinait pas avec l'acide urique, et l'on a prétendu, en s'appuyant sur des expériences de thermochimie, que les urophosphates n'existaient point à l'état de sels définis, que les urophosphates étaient de simples mélanges. Eh ! bien, non, pas plus que les carbophosphates, les urophosphates ne sont de simples mélanges ; les accidents réactionnels, de cause extérieure, sont trop fréquents dans l'étude thermochimique des corps organiques, pour que l'analyse s'incline aveuglément devant les résultats de la thermochimie. En effet, le sol de Mme X. contient 6 gr. 72 de soude et 1 gr. 60 de potasse ; il contient 1 gr. 97 d'acide phosphorique et 5 gr. 48 de chlore ; il contient aussi 2 gr. 58 d'acide sulfurique et 0 gr. 28 de chaux avec 0,08 de magnésie. Or, 6 gr. 72 de soude représentent 3 gr. 962 de sodium, soit 10 gr. 87 de chlorure de sodium ou 6 gr. 57 de chlore et nous n'avons que 5 gr. 48 de chlore pour satisfaire le potassium et le sodium ; 5 gr. 48 de chlore donnent 9 gr. 06 de chlorure de sodium qui retranchés de 10 gr. 87 laissent un reliquat de chlorure de sodium de 1 gr. 81 représentant 0 gr. 96 de soude disponible ; d'où un excès de soude de 0 gr. 96, en admettant que l'atomicité du chlore soit entièrement et exclusivement satisfaite par le sodium ; nous avons 1 gr. 60 de potasse qui nous fournit 4 gr. 62 de sulfate acide de potasse qui nous donne 2 gr. 7174 d'acide sulfurique et l'acide sulfurique disponible dans le sol de Mme X. est de 2 gr. 58 ; 2 gr. 58 d'acide sulfurique donnent 4 gr. 38 de sulfate acide de potasse soit 0 gr. 24 de sulfate acide de potasse de plus que n'en comporte le poids total de la potasse du sol de Mme X., ce qui nous laisse 0 gr. 0829 de potasse disponible ; ainsi après avoir satisfait les atomicités du chlore par le sodium et

les atomicités de l'acide sulfurique par le potassium, il reste de disponible 0 gr. 96 de soude et
0 gr. 0829 de potasse ; cherchons à savoir maintenant si le reliquat de la soude , de la potasse, la
chaux et la magnésie occuperont toutes les atomicités de l'acide phosphorique ; 1 gr. 28 de chaux
nous donnent 1 gr. 12 de phosphate acide de chaux
qui nous fournit 0 gr. 673 d'acide phosphorique ;
0 gr. 08 de magnésie nous donnent 0 gr. 436 de
phosphate acide de magnésie qui nous fournissent
0 gr. 284 d'acide phosphorique, soit 0 gr. 957 d'a-
cide phosphorique combinés à la chaux et à la
magnésie ; il nous reste 1 gr. 013 d'acide phosphorique à satisfaire avec 0 gr. 96 de soude et 0 gr. 083
de potasse ; 0,083 de potasse représentent 0,24 de
phosphate acide de potasse qui nous donneront
0 gr. 125 d'acide phosphorique ; 0 gr. 96 de soude
représentent 3 gr. 716 de phosphate acide de soude
qui nous donneront 2 gr. 198 d'acide phosphorique ; 2 gr. 198 d'acide phosphorique plus 0 gr. 125
d'acide phosphorique font 2 gr. 324 d'acide phosphorique et nous ne pouvons disposer que de
1 gr. 013, ce qui nous laisse, en ne considérant que
la soude, 0 gr. 572 de base alcaline disponible ;
0 gr. 572 de soude représentent 3 gr. 28 d'urate
acide de sodium qui fournissent 2 gr. 744 d'acide
urique et nous n'avons que 0 gr. 78 d'acide urique

15.

de disponible ; ou nos résultats analytiques sont faux, ce que je ne saurais admettre, ou le groupement moléculaire artificiel que je viens de vous exposer est erroné, ou bien il faut chercher ailleurs l'explication de notre excès de soude, car la soude qui reste disponible est encore de 0 gr. 42, l'acide urique n'ayant utilisé que 0 gr. 152 de soude. En admettant que la quantité de corps réducteurs dosés soient du glucose pur, le poids de la soude absorbé par 2 gr. 81 de glucose correspondrait à peu près au reliquat que nous avons, mais il faudrait supposer alors que la soude serait combinée au chlore pour former la combinaison bien connue de glucose et de chlorure de sodium ; en général, la quantité de chlorure de sodium combinée avec le glucose est de 35 p. 100, ce qui nous donnerait dans le cas actuel 0 gr. 9835 de chlorure de sodium, soit 0 gr. 52 de soude, nombre au-dessus de notre disponibilité en soude, mais il faut considérer que le rapport de 35 p. 100 de chlorure de sodium attaché au glucose est l'expression d'une moyenne et que dans ce cas particulier le chlorure de sodium peut se trouver combiné au glucose, comme cela se voit souvent, dans la proportion de 25 p. 100 seulement, ce qui nous donnerait 0 gr. 37 de soude, nombre assez voisin de 0 gr. 42 de soude restante ; la quantité de chlore disponible insuffisante ruine cette hypothèse.

Il existe dans les organismes des sels d'une grande fragilité de construction, des carbonates et des phosphates neutres que l'adjonction d'une molécule organique faisant fonctions d'acide faible rend solubles ou plus solubles ; les urophosphates appartiennent à cet ordre de sels. Les urophosphates sont composés d'une molécule d'acide urique, d'une molécule d'acide phosphorique, de deux molécules de base et d'un atome d'hydrogène ; les phosphates liés à l'acide urique sont des phosphates bi-métalliques ; ils sont représentés par la formule suivante :

$$C^5H^3Az^4O^3 \ (PhO^4HM^2).$$

Rappelez-vous que nous avons trouvé dans le sol de Mme X. 0 gr. 78 d'acide urique ; en admettant, ce qui est vrai, que l'acide urique se trouve combiné, en majeure partie, tout au moins, avec le phosphate disodique, à tort appelé neutre puisqu'il lui reste un hydrogène de disponible (le phosphate disodique est le plus répandu dans les liquides de l'économie), nous aurons l'urophosphate de sodium représenté par la formule suivante :

$$C^5H^3Az^4O^3 \ (PhO^4HNa^2).$$

Les 0 gr. 78 d'acide urique représentent 1 gr. 44 d'urophosphate de soude ; 1 gr. 44 d'urophosphate de sodium contient 0 gr. 363 de soude ; le même contient 0 gr. 447 d'acide phosphorique.

Maintenant, si nous récapitulons tous les calculs qui précèdent, nous verrons que le groupement moléculaire artificiel que j'avais combiné était entaché d'erreur et que toutes les atomicités se trouvent naturellement satisfaites si nous faisons intervenir la combinaison urophosphatée sodique.

Nous ne donnerons certes pas de l'urophosphate de soude comme amendement au sol de Mme X., car l'acide urique est plus qu'un élément abiodynamique, c'est un déchet, c'est un rebut de la nutrition ; nous donnerons toute la soude que nous devons restituer à la malade sous forme de chlorure de sodium ; nous instituerons donc le traitement de reminéralisation de la manière suivante :

1° R. Phosphoglycérate de chaux. . .   0 gr. 25
     —   de magnésie . . 0 — 29

M.-S.-A. pour un cachet ; prendre un cachet au début du repas de midi et du soir ;

2° Chlorure de potassium . . . . .   0 gr. 23
     —   de sodium. . . . . . .   1 — 48
Eau distillée . . . . 100 —

D.-S.-A. prendre cette solution matin et soir dans 233 centimètres cubes d'eau de source ou d'eau d'Evian ; nous restituons de cette manière à la malade la chaux, la magnésie, la potasse défaillantes, la soude qui s'en va, l'acide phosphorique absent, le chlore manquant et l'eau nécessaire.

Voilà pour le traitement de la femme.

En poursuivant pour le traitement de l'homme, le même raisonnement que nous avons suivi pour le traitement reminéralisateur de la femme, nous dirons que : 1 gr. 20 de phosphoglycérate de chaux, nous donnera 0 gr. 29 de chaux et 0 gr. 37 d'acide phosphorique ; 0 gr. 75 de phosphoglycérate de magnésie nous donneront 0 gr. 14 de magnésie et 0 gr. 25 d'acide phosphorique ; 1 gr. 15 de phosphoglycérate de soude nous donnera 0 gr. 35 d'acide phosphorique et 0 gr. 304 de soude ; 4 gr. 15 de chlorure de sodium nous donneront 2 gr. 51 de chlore et 2 gr. 20 de soude ; 1 gr. 16 de bicarbonate de soude nous donnera 0 gr. 614 de soude ; au total, 0 gr. 29 de chaux ; 0 gr. 14 de magnésie ; 3 gr. 61 de soude ; 0 gr. 96 d'acide phosphorique et 2 gr. 51 de chlore correspondant aux besoins du malade ; d'où nous pouvons établir la formule suivante :

1° R. Phosphoglycérate de chaux. . .   0 gr. 60
       —   de magnésie .   0 — 37
   Phosphoglycérate de soude. . .   0 — 57
   Bicarbonate de soude . . . . .   0 — 58

M.-S.-A. pour une prise ; prendre une prise à la fin du repas de midi et du soir ;

2° Chlorure de sodium séché et pulvérisé 4 gr. 15 ; divisez en quatre cachets égaux ; prendre deux cachets au début du repas de midi et du soir avec un quart de verre d'eau de source.

3° Ajouter à la boisson ordinaire deux verres d'eau de source chaque jour.

Les calculs que je viens d'appliquer à ces deux cas particuliers d'une femme et d'un homme peuvent servir d'exemple pour établir le traitement des autres formes de la déminéralisation ; les opérations seront les mêmes, les facteurs seuls changeront.

Les chlorures sont activement retenus par l'organisme et au bout de quinze jours ou trois semaines de traitement on les rencontre dans les urines, voisins, le plus souvent, de la normale et n'oscillant guère ; il faut dès ce moment en cesser l'usage ; il n'en est pas de même des autres éléments de reminéralisation qui se fixent avec plus de lenteur que les chlorures ; aussi sera-t-il nécessaire d'en continuer l'usage pendant quelques mois.

A propos du kilo corporel et du kilo-heure, à propos de la posologie des éléments de reminéralisation nous devons nous poser la question suivante :

faut-il doser les éléments de reminéralisation d'après le poids réel du malade ou faut-il en rapporter le dosage aux mesures anthropométriques ? L'homme qui nous a servi d'exemple pèse 80 kilogrammes, sa taille est de 1 m. 77 ; selon sa taille ce malade devrait peser non pas 80 kilogrammes, mais 77 kilogrammes ; différence en plus 3 kilogrammes ; ces 3 kilogrammes sont une surcharge ; devrons-nous en tenir compte dans la posologie des éléments reminéralisateurs ? La différence entre la relation de la stature et du poids n'est pas tellement grande qu'elle puisse ne pas rentrer dans le cadre des lois anthropométriques. Le problème se complique quand il s'agit de la femme ; à un certain âge la femme accumule des réserves considérables et il n'est pas rare de rencontrer des femmes dont les mesures anthropométriques sont bouleversées ; elle a 1 m. 60 de hauteur et pèse 95 kilogrammes ; d'après les mesures anthropométriques elle devrait peser 58 kilogrammes seulement ; la surcharge est de 37 kilogrammes, comment doser les éléments de reminéralisation en pareil cas ?

La presque totalité de la surcharge provient de l'accumulation de la graisse dans certaines parties du corps plus particulièrement ; la surcharge coïncide le plus souvent avec des modifications physiologiques profondes dérivant soit de la grossesse, soit de la ménopause. Désormais, ces réserves, nous pourrions presque dire ces déchets privés d'eau, deviennent sans objet ; il nous paraît inutile de les faire entrer en compte pour le dosage des éléments de reminéralisation ; il faut baser la posologie des éléments de reconstitution sur les mesures anthropométriques.

Un malade est émacié par une longue souffrance ; devons-nous baser la posologie des aliments reminéralisateurs sur son poids réel ou sur son poids anthropométrique ? Pour des considérations qu'il serait trop long de développer ici, il nous paraît indispensable de doser les éléments de reminéralisation qui sont les éléments premiers de la vie, sur le poids anthropométrique du malade ; ce poids est de 73 kilogrammes.

Nous devons nous faire une loi de toujours doser les éléments de reminéralisation sur les mesures anthropométriques et non point sur le poids réel des malades atteints de surcharge ou de déficit.

Pour obtenir rapidement et d'une façon très approximative le poids anthropométrique d'une femme quand on connaît exactement sa hauteur, il suffit de retrancher le nombre 2,5 des deux derniers chiffres exprimant la hauteur en centimètres. Exemple : une femme a 146 centimètres de hauteur plus 5 millimètres ; si l'on retranche de 46,5 le nombre 2,5, 46,5 — 2,5 = 44 ; le nombre 44 exprimera le nombre de kilogrammes que doit peser, en moyenne, une femme d'une hauteur de 146 cm. 5.

Quant à l'homme, son poids anthropométrique se déduit plus facilement encore de sa taille ; il suffit de transformer en kilogrammes les deux derniers chiffres exprimant la hauteur en centimètres sans tenir compte des millièmes ; ainsi un homme d'une taille de 164 cm. 5, doit peser 64 kilogrammes ; un homme d'une taille de 173 centimètres doit peser 73 kilogrammes, etc.

Le coefficient de minéralisation traduit de l'analyse des urines s'exprimera par le rapport de chacun des éléments premiers de minéralisation : acide phosphorique, chlore, chaux, magnésie, soude, potasse, au kilo-corporel anthropométrique du sujet ; par ce moyen on pourra saisir le début de la déminéralisation, sa qualité, et l'état de la déminéralisation.

On appelle aujourd'hui bien à tort, coefficient de déminéralisation le rapport de la totalité des éléments minéraux à la totalité des éléments dissous ; c'est là une erreur qui peut devenir dangereuse pour le déminéralisé ; je vous ai démontré, en effet, que certains malades possédaient, au total, une minéralisation correspondant à la moyenne

normale et qui n'en étaient pas moins, dans quelques-uns des éléments essentiels de leur minéralisation, profondément déminéralisés. Ainsi l'homme
qui vient de nous servir d'exemple pour une partie
des démonstrations précédentes est déminéralisé,
quant aux éléments premiers de minéralisation, de
30 p. 100 pour l'acide phosphorique, de 31 p. 100
pour le chlore, de 70 p. 100 pour la magnésie, de
57 p. 100 pour la soude, de 68 p. 100 pour la chaux;
il est en voie de déminéralisation quotidienne de
20 p. 100 pour la potasse, tandis que la moyenne
de son état de déminéralisation est de 51 p. 100,
résultat sur lequel, nous ne pouvons pas baser
scientifiquement, vous l'avez compris, les éléments constituants de sa reminéralisation.

Telle était la misère minérale, la rupture d'équilibre biochimique des deux malades dont nous
avons analysé le sol ; ce sol nous l'avons amendé,
comme je viens de vous l'expliquer, et les deux
malades sont aujourd'hui en parfait état de santé ;
en effet, les exemples que je vous ai donnés, sont
des exemples vécus et non point hypothétiques.

SEIZIÈME LEÇON

TRAITEMENT DES MALADIES BACTÉRIENNES PAR L'IODO-
BENZOYLIODURE DE MAGNÉSIUM

Messieurs,

J'ai dit que l'iodobenzoyliodure de magnésium
était le spécifique des maladies bactériennes de
l'homme et des animaux[1]; ce disant, j'ai soulevé
non point des torrents d'indignation mais des ton-
nerres de rires ; un remède qui guérit tout ne guérit rien, c'est un remède charlatanesque! après les
rires moqueurs voilà l'exclamation de condamna-
tion ! Tout beau ! Messieurs, examinons de près la
chose. Qu'est-ce qu'un spécifique ? Je copie tex-
tuellement la réponse dans le dictionnaire de Nys-
ten revu et corrigé par Littré et Ch. Robin : *Spécifique.* — « Médicament qui exerce une action
spéciale sur telle ou telle maladie en particulier, et
qui en prévient le développement ou en procure
presque constamment la guérison. » La définition

[1] Voir *La Médecine moderne*, n° du 7 mars 1900.

est étroite ; elle est bien établie pour satisfaire l'esprit des hommes qui ne recherchent point l'unité de la cause dans la variété presque infinie des formes. Les types de la fièvre intermittente sont nombreux ; le paludisme est polymorphe, cependant la quinine guérit, le plus souvent, et les types divers de la fièvre intermittente et les différentes manifestations du paludisme. La cause du paludisme est unique, me dira-t-on ; le protozoaire nourri avec sollicitude par quelques *culicides* est toujours le protozoaire qui engendre le paludisme quelle que soit sa symptomatologie. Est-ce bien démontré ? J'admets le fait comme certain quoique les auteurs italiens aient distingué plusieurs espèces dans l'hématozoaire de Laveran qui admet, lui, que l'hématozoaire du paludisme est simplement polymorphe comme les autres sporozoaires et les coccidées ; ainsi la quinine serait le spécifique du paludisme parce que le paludisme aurait une cause morbide spécifique quoique polymorphe ; le médicament serait spécifique parce que l'affection aurait une cause spécifique ; il ne peut donc y avoir de médicaments spécifiques que pour des maladies ayant une cause morbifique spécifique.

Il paraît absurde dès lors de présenter un médicament unique comme spécifique d'un groupe d'affections aussi disparates que les maladies bactériennes ; chaque maladie bactérienne possède en effet, une cause morbide spécifique, un microbe spécifique. La spécificité morbifique microbienne est-elle établie sans conteste ? Le polymorphisme ne serait-il pas aussi une loi pour les infiniment petits de nature végétale comme pour les infiniment petits d'origine animale ? Certains auteurs le croient ; je ne puis être aussi exclusif ; que le polymorphisme existe dans certaines familles microbiennes, cela n'est point contestable ; que tous les microbes puissent être considérés comme des formes différentes d'un être unique, cela me paraît invraisemblable ; j'accorde volontiers aux maladies microbiennes leur spécificité et j'admets que le bacille virgule du choléra asiatique n'est point une forme métabolique du pneumocoque de la pneumonie. Je ferai même abstraction de l'association microbienne qui se rencontre dans toutes les maladies.

Nous avons l'habitude de considérer les choses de la nature, de haut ; les mesures goniométriques des arêtes d'un cristal nous séduisent moins que la connaissance des lois qui président à sa taille naturelle ; de même l'individu nous intéresse moins que l'espèce, moins encore que les différences des caractères spécifiques qui distinguent les espèces les unes des autres, qui distinguent les espèces d'un même genre. Avec la minéralogie biologique, des caractères spécifiques nouveaux sont apparus, rapprochant tantôt, tantôt éloignant les unes des autres les espèces d'un même genre, d'une même famille, subordonnant, selon le principe de Cuvier, tous les autres caractères au caractère prédominant, au caractère qui domine tous les autres, selon la *minéralogie biologique*, parce qu'il est le principe même de la vie de l'espèce. Il est plus aisé d'inventer des noms nouveaux que d'accroître le nombre de faits connus ; je ne crois pas que l'on puisse adresser pareil reproche à la *minéralogie biologique*, car elle a déjà accumulé de nombreux matériaux inconnus ou peu connus jusqu'ici. Je vous ai déjà entretenus des rapprochements que la minéralogie biologique pourrait tenter entre des familles botaniques fort éloignées, en apparence, les unes des autres ; la présence, dans la minéralisation de familles botaniques différentes dont les caractères spécifiques semblent des moins contestables d'un élément de minéralisation tout particulier, établit pour nous, un lien de parenté indéniable entre elles ; cette parenté est si proche que si vous venez à supprimer dans leur nourriture l'élément nourricier qui les caractérise, qui est spécifique, dans le sens même le plus étroit du mot, vous compromettez leur existence commune. Le lithium et le rubidium sont les spécifiques de minéralisation de la vigne, du tabac, du café, du thé et de la betterave; solanées, ampelidées, rubiacées, camelliacées, chénopodées, ne sont point parentes dans les classifications botaniques ; elles ont cependant des caractères de minéralisation spécifiques communs; les violariées et les périsporiacées sont encore plus loin les unes des autres que les chénopodées des solanées; elles ont un spécifique de minéralisation commun : le zinc ; l'arsenic est le spécifique minéral de certaines mucédinées ; l'iode est le spécifique minéral des algues. Je pourrais multiplier ces exemples en me bornant à la phytotologie et je ne puis parler que des végétaux, puisqu'il s'agit ici de bactéries c'est-à-dire de végétaux. C'est Ch. Richet qui, à ma connaissance, a démontré par l'analyse minérale, que la plupart des microbes étaient des végétaux parce qu'ils avaient pour dominante la potasse; la potasse, en effet, est la dominante des végétaux. A la suite des nombreuses analyses que j'ai faites des tissus des végétaux et des animaux j'ai posé les deux lois suivantes :

La différenciation des organismes est le résultat : 1° de l'aptitude minérale du protoplasme ; 2° du rapport de participation de la vie des éléments minéraux.

Or, le protoplasme, naquit de la matière minérale, pour cette raison péremptoire, vous ai-je dit, qu'il ne pouvait pas naître d'autre chose puisque rien n'existait, avant le protoplasme, que la matière minérale. Il y a donc des spécificités de familles, de genres et d'espèces, spécificité dont les individus sont les témoins plus ou moins éloquents. Les gradations dans la valeur de la spécificité minérale individuelle sont-elles l'une des expressions des lois du transformisme ? c'est possible, c'est probable même ; mais sous nos yeux, le caractère de la spécificité minérale ne varie pas d'une manière sensible et nous pouvons raisonner et agir comme s'il était invariable.

Tout s'enchaîne, dans la nature ; les transitions d'une espèce à une autre espèce sont des plus adoucies ; il est évident qu'aux deux extrémités de la chaîne formée par une espèce, la spécificité minérale de l'espèce s'atténuera, se rapprochera des espèces voisines. La spécificité de minéralisation sur laquelle se développent toutes les formes qui charment ou choquent nos regards autour de nous est la première des spécificités ; ces mille riens de la minéralisation du sol, ces mille riens que l'analyse du sol la plus subtile découvre avec peine et que l'aptitude du protoplasme sait choisir et retenir avec quelque apparence de discernement ; ces mille riens que le protoplasme semble attirer de loin comme J. Chatin l'a constaté à propos du magnésium pour les tubéracées ; ces mille riens de parcelles de matière minérale perdues au milieu des autres éléments du sol, constituent la spécificité minérale des espèces végétales ; nous sommes encore fort ignorants des spécificités minérales des espèces végétales et plus ignorants encore des spécificités minérales des espèces animales et de notre propre espèce. Oui, la spécificité morbifique existe et parce que la vie de l'homme est l'expression d'une spécificité minérale déterminée et parce que la maladie de l'homme est une résultante d'une spécificité minérale de la vie microbienne, de la vie bactérienne, le plus communément. Mais, si la vie de l'homme est spécifique, c'est-à-dire si la vie de l'homme repose sur une spécificité de minéralisation, si la vie des bactéries est spécifique, c'est-à-dire, si la vie bactérienne repose sur une spécificité de minéralisation, en modifiant la spécificité de minéralisation, nous devrons pouvoir modifier les manifestations de la vie, arrêter même la vie ; c'est ce qui arrive.

La quinine, qui est le médicament spécifique de la fièvre intermittente paraît agir sur l'hématozoaire de Laveran comme un poison, non point par une spécificité telle que nous l'entendons. Le curare, l'aconit arrêtent la vie de l'homme et des animaux,. par empoisonnement; le quinisme chez l'homme est déjà un empoisonnement par modification profonde de la chimiotaxie de la cellule nerveuse comme l'on dit aujourd'hui.

La quinine, le curare, l'aconit; les principes actifs du curare et de l'aconit, sont les produits de l'activité d'une cellule vivante et comparables, sous ce rapport, aux produits de l'activité vitale des microbes, aux toxines, aux produits vénéneux de l'activité vitale de la cellule animale, aux leucomaïnes. Ce sont là déchets, excréments de la vie, incompatibles avec la vie des plastides; nous asphyxions rapidement dans un air confiné. Les sérums spécifiques n'agissent pas autrement que la quinine, que le curare, que l'aconit, ils sont eux aussi des produits, des déchets de l'activité vitale de la cellule animale, des poisons conséquemment pour les plastides, avec cette différence ou mieux cette supériorité qu'on les inflige à ceux-là même qui les ont produits et qu'ils en souffrent; nous ne ferions pas autrement.

Les spécifiques aujourd'hui connus sont des spécifiques d'individualités; on a cherché jusqu'à présent des médicaments spécifiques individuels, s'adressant directement à la cause morbide spécifique; ils sont nés, tous ces spécifiques, les bons comme les mauvais, les vrais comme les faux, de l'empirisme;

c'est le hasard qui a donné à l'homme les précieuses vertus du quinquina ; c'est un hasard également heureux qui permit à Jenner de trouver le vaccin préventif, immunisateur de la variole ; des propriétés du quinquina, des propriétés du vaccin antivarioleux naquirent la recherche de nouveaux spécifiques dans le suc des plantes et la recherche de nouveaux spécifiques dans le suc des animaux ; deux spécifiques émergent de tant de labeurs, de tant de recherches ; la quinine et le vaccin antivarioleux. La spécificité de la maladie prit un corps réel avec les découvertes de Davaine et de Pasteur ; quand on eut appris que les microbes engendraient les toxines, des savants avisés voulurent subjuguer les microbes et les obliger à produire eux-mêmes les contre-poisons des poisons qu'ils distillaient pour les plus grands malheurs de l'humanité ; de là naquit le sérum anti-diphtérique, spécifique, d'une individualité morbide, du bacille de Klebs et Lœffler, comme la quinine est le spécifique d'une individualité morbide, de l'hématozoaire de Laveran. Et ainsi, chaque jour voit naître un nouveau sérum spécifique d'une individualité morbide plus ou moins bien déterminée. Depuis un quart de siècle presque tous les biologistes sont arrêtés là, chez nous, hypnotisés par les caractères extérieurs des infiniment petits, par l'aptitude de coloration de leurs protoplasmes, par la culture intensive de leur virulence avec l'espoir sans cesse déçu et toujours renaissant de retirer de cette virulence fatale à l'homme et aux animaux une contre-virulence spécifique, c'est-à-dire capable d'éteindre la virulence léthifère. J'écris l'histoire impartiale, et permettez-moi d'admirer cette pléiade de savants qui ont consacré et consacrent encore de si grandes forces aux progrès des sciences biologiques.

Je ne veux retenir, en ce moment, des grandes découvertes de Pasteur, que la découverte des causes morbides spécifiques, la découverte des microbes. Je ne crois pas à la spécificité morbide absolue du microbe. C'est le moment de revenir à l'ancienne distinction de la maladie et de l'affection. La maladie c'est le terrain de culture, c'est le sol préparé pour la culture de l'affection, je veux dire pour le développement microbien ; la maladie c'est le terrain préparé ; la maladie, c'est la déminéralisation dans l'une quelconque de ses formes ; l'affection c'est le développement microbien dans la maladie, dans le sol préparé pour la culture microbienne, dans le sol déminéralisé ; le microbe sera d'autant plus dangereux que la minéralisation du sol lui sera plus favorable ; c'est pourquoi je ne me lasserai pas de répéter : analysez, reminéralisez vos malades. *Serõ medicina paratur*, il est trop tard pour espérer avoir raison, par la reminéralisation, de l'infection microbienne lorsqu'elle a déjà empoisonné la plastide; la plastide accablée reçoit avec indifférence les secours qui lui viennent du dehors et souvent les infiniment petits tireront avantage des tentatives que vous ferez pour secourir la plastide.

Nous sommes le premier qui, s'appuyant sur nos connaissances en minéralogie biologique, ait tenté de découvrir un spécifique qui fut le médicament spécifique non point d'une individualité, mais de toute une famille naturelle; et, vous qui venez de m'écouter, vous qui m'avez suivi depuis ma toute première leçon, vous n'êtes point étonnés de ma tentative, j'en suis convaincu. Vous connaissiez avant moi, mais je vous ai remis en mémoire le liquide de Raulin qui dût être le prix d'une persévérance dans l'expérimentation et d'une patience extraordinaires; c'était à propos de la division que j'avais établie, des éléments de minéralisation, en métaux biodynamiques et en métaux abiodynamiques. Je vous disais alors que le milieu minéral n'est pas moins important pour les infiniment petits que pour le monde des végétaux ou des animaux supérieurs.

C'est pour la culture d'un végétal inférieur, d'un

thallophyte (les bactériacées sont aussi des thallophytes), de *l'aspergillus niger*, que Raulin composa le liquide qui porte son nom.

Je vais vous redonner la composition du liquide de Raulin parce qu'elle nous facilitera l'explication de ce qui va suivre.

Liquide de Raulin.

Sulfate de zinc.	0 gr. 07
— de fer	0 — 07
Salicilate de potasse	0 — 07
Sulfate d'ammoniaque	0 — 25
Carbonate de magnésie.	0 — 40
Carbonate de potasse.	0 — 60
Phosphate d'ammoniaque.	0 — 60
Azotate d'ammoniaque.	4 — 00
Acide tartrique	4 — 00
Sucre candi.	70 — 00
Eau distillée.	1500 grammes.

Le fer, la silice, la potasse, le soufre, l'azote sous des formes différentes, la magnésie, d'une manière aussi générale que la potasse, le carbone en combinaisons diverses, entrent dans la constitution de la minéralisation de tous les végétaux, en des rapports de participation variés et selon l'aptitude protoplasmique de chacun, mais le minéral spécifique de *l'aspergillus niger*, c'est le zinc; le zinc entre pour $\frac{1}{50\,000}$ seulement dans la minéralisation

du milieu minéral de Raulin et dès qu'on le sup-
prime, la récolte de l'aspergillus tombe d'un dixième
pour devenir illusoire dans la suite; la déminéralisation en zinc de l'*aspergillus niger*, voilà la maladie; maintenant voici l'affection. Si l'on ajoute au
liquide de culture de l'*aspergillus niger* $\frac{1}{1\,600\,000}$, un
seize cent millième d'azotate d'argent, qui repré-
sente $\frac{1}{0,000\,000\,416}$ un quatre cent seize millionième
d'argent métallique, la végétation de l'aspergil-
lus s'arrête, puis elle s'éteint; voilà l'affection;
sa puissance n'a rien à envier à la puissance des
toxines animales; c'est une parcelle de métal, que
le calcul nous révèle mieux que la balance, qui
cause la mort de l'aspergillus niger. Il n'y a point
que l'aspergillus niger qui montre une telle susceptibilité pour l'argent ou ses sels; toutes les
périsporiacées, il vous sera facile de vous en assu-
rer comme je l'ai fait moi-même, sont violemment
offensées par les sels d'argent, quels qu'ils soient;
c'est bien l'argent et non point la combinaison acide
qui détruit les périsporaciées. Toute une famille
de thallophytes est donc incapable de vivre au
contact des sels d'argent; toute une famille, retenez bien ce fait; l'argent est sans conteste, le médicament *spécifique* de l'aspergillose, *in vitro* tout au
moins, jusqu'à présent. Si nous voulions tomber
dans le travers que nous vous avons signalé au

début de cette leçon, nous vous dirions, pour tout expliquer pas un mot nouveau, que la *chimiotaxie* des périsporiacées est négative pour les sels d'argent ; cela ne veut rien dire au fond, mais nous n'en restons pas moins convaincu par l'expérience que les sels d'argent sont incompatibles avec la vie des périsporiacées.

Je suis fort étonné de l'étonnement de ceux qui déclarent impossible l'existence d'un spécifique des maladies bactériennes en général ; je ne puis en accuser leur ignorance, car tout le monde sait qu'une certaine catégorie, tout au moins, de ces sceptiques sont des savants accomplis ; ils n'ignorent aucune des sciences qui touchent à la connaissance de l'homme, et comme toutes les sciences se rapportent à la destinée de l'homme, ils les possèdent toutes également ; je suis obligé de reconnaître que dans notre démocratie plus fortement hiérarchisée qu'aucune monarchie, affaire d'habitude, phénomène atavique, sans doute, le dogmatisme ruine souvent le progrès ; les faiseurs et les détenteurs du dogme ne peuvent point, sans mûre réflexion, abandonner des opinions dont ils suivraient la chute ; nous sommes arrivés, pour nous servir d'une expression devenue fameuse, à un tournant des sciences biologiques et je me demande pourquoi le dogme soufflerait, sans examen, sur la lumière de ceux qui cherchent à éclairer le chemin au delà du tournant. Vous pouvez taxer de fous ceux qui partent à la conquête du pôle nord, mais l'intérêt bien compris de tous est d'aider ces fous à réaliser le rêve de leur folie. Portée par les connaissances incontestables qu'ils possèdent, la réflexion devrait convaincre les sceptiques que la découverte d'un médicament spécifique des maladies bactériennes, en général, n'est point aussi extravagante qu'elle peut leur paraître au premier abord. En effet, ou tout ce que je viens de vous exposer est faux, ou les corylacées ont cessé de pousser exclusivement sur un sol calcaire, ou tout ce que nous enseigne la minéralogie biologique est controuvé, ou la spécificité minérale de vie est vraie, au milieu des éléments communs qui la soutiennent ou la spécificité médicamenteuse appliquée à un groupe d'individus, réunis en famille, est incontestable.

Les bactériacées pathogènes ne contiennent point d'iode ; il faut donc, malgré tous autres caractères, les distraire des algues qui véhiculent l'iode ; voilà pour la classification, car la spécificité minérale, est, comme je vous l'ai dit plus haut, le premier des caractères d'une famille, parce qu'elle est le principe même de son existence.

Les bactériacées pathogènes sont des bactériacées

et non point des algues ; voici ce que nous enseigne, ce que nous démontre l'analyse minérale des algues et des bactériacées ; les bactériacées ne peuvent vivre au contact de l'iode libre ; elles ne peuvent s'assimiler l'iode, pas plus que les périsporiacées ne peuvent s'assimiler l'argent. Les périsporiacées vivent au contact de l'argent si l'argent n'est point mis en liberté, s'il ne se produit point d'échange entre les acides des sels d'argent ; les bactériacées vivent au contact des sels iodés si l'iode n'est pas mis en liberté, s'il ne se produit point d'échange dans les bases combinées avec l'iode ou quand cet échange se produit, si l'iode se trouve fixé sur des bases alcalines qui le retiennent avec avidité comme elles retiennent le chlore.

Analyse minérale d'un grand nombre de bactériacées différentes recueillies sur la bougie de Pasteur.

		Substance fraîche.
Acide phosphorique.	0 gr. 15	p. 1000
— sulfurique.	0 — 0257	—
Potasse	0 — 24	—
Magnésie.	0 — 15	—

La petite quantité de substance dont nous avons pu disposer, ne nous a pas permis, à notre grand regret, de déterminer le spécifique minéral de la vie bactérienne ; mais comme l'a constaté le profes-

seur A. Gautier les bactériacées ne contiennent
point d'iode et je puis ajouter qu'elles ne contiennent pas de chlore ; j'appellerai votre attention sur
la richesse en magnésie des bactériacées ; le magnésium est la dominante minérale des nucléines ; les
bactériacées sont abondamment pourvues de nucléines ; le magnésium est la sous-dominante minérale des bactériacées.

Ne pouvant pas déterminer le spécifique de la
bactérie et ne pouvant par conséquent pas nous
appuyer sur cette détermination pour arrêter le
développement bactérien, nous avons fait le raisonnement suivant : les caractères botaniques des
bactériacées les ont fait placer parmi les algues ;
les algues contiennent de l'iode, véhiculent l'iode ; si
les bactériacées tant voisines des algues ne contiennent point d'iode c'est que l'iode doit leur être bien
insupportable ; les bactériacées sont riches en magnésium, en nucléine ; si l'iode est insupportable
aux bactéries pathogènes, si le magnésium est
indispensable à leur constitution, il est probable
que si nous pouvions trouver un sel formé d'iode
et de magnésium, sel assez stable pour se pouvoir
conserver et assez facilement décomposable au contact des nucléines bactériennes grâce à la présence
de l'acide phosphorique , nous agirions d'une
façon pénible non seulement sur une bactérie

mais en raison des faits que je vous ai cités dans le cours de cette leçon, sur toutes les bactéries en général. De cette hypothèse, non, de la constatation de ces deux faits : absence d'iode et abondance de magnésium chez les bactériacées, est né le spécifique des maladies bactériennes, l'*iodobenzoyliodure de magnésium.* Tout est rigousement scientifique dans nos déductions et l'usage seul, longtemps pratiqué, de notre spécifique pourrait permettre d'en nier la valeur ; les négations *a priori* sont ou intéressées, ou le résultat de l'ignorance. Pour nous, l'action spécifique de *l'iodobenzoyliodure de magnésium* sur toutes les bactériacées pathogènes ne peut être douteuse parce que l'expérience est venue trop souvent confirmer la théorie. Qui dit spécifique ne dit pas médicament fatalement curatif ; le spécifique procure presque constamment la guérison du malade dit la définition que nous avons commentée de Littré et Robin ; il peut se trouver, en effet, des bactéries pathogènes qui soient, comme les *algues* vraies, moins susceptibles pour l'iode ; il peut se trouver des bactéries pathogènes qui soient, comme les *nostocacées* auxquelles elles touchent, rebelles à l'action d'une certaine dose d'iode. Puis-je vous affirmer que je connais aujourd'hui toutes les ressources de l'iodobenzoyliodure de magnésium ; que je connais la posologie exacte du spécifique selon

les cas et selon les personnes ? Non, certes, mais le
spécifique des maladies bactériennes étant inoffensif nous pouvons en user sans crainte chaque fois
que nous soupçonnons chez un malade la présence
d'une bactérie, je dis, remarquez-le bien, la présence
d'une bactérie et non point d'un microbe, en général ; tous les microbes ne sont point des bactéries ;
les affections bactériennes sont, de toutes les maladies microbiennes les plus fréquentes et l'action de
l'iodobenzoyliodure paraît parfois préciser le diag-
nostic ; ainsi notre spécifique n'exerce aucune
action ni sur les tumeurs cancéreuses, ni sur les
adénites qui les accompagnent ; fait très significatif puisque l'iodobenzoyliodure de magnésium agit
avec une rapidité extraordinaire sur les adénites
d'origine bactérienne. Un ancien paludéen a une
ostéite accompagnée de fièvre intense ; les injections
sous-cutanées de soluté améliorent rapidement
l'ostéite et tout aussitôt la fièvre intermittente
reprend son caractère distinctif ; le soluté avait
exercé son action nocive sur les staphylocoques, sur
les bactéries de l'ostéite et il n'avait point touché
le microbe de la fièvre intermittente qui est un protozoaire.

Au sujet de l'innocuité des injections d'iodobenzoyliodure de magnésium, voici la relation d'une
expérience faite sur lui-même par un médecin

autrichien, chef de service dans un grand hôpital :
« Je me suis fait à moi-même, me dit-il, une injection de 4 centimètres cubes de soluté, laquelle m'a
produit une douleur à peine sensible qui a disparu
après une heure ; pas de réaction ni locale ni générale ; dans les urines j'ai trouvé des traces d'iode
quatre heures après l'injection ; du reste, je me sen-
tais parfaitement bien. »

Les médecins qui expérimentent à cette heure, le
soluté d'iodobenzoyliodure de magnésium sur un
grand nombre de points de l'Europe et de l'Asie,
l'administrent, chacun selon son milieu, à des doses
que je n'avais pas conseillées et dans des cas que je
n'avais pas prévus ; dans quelques circonstances, la
nature et la gravité de la maladie les a rendus
audacieux et le succès a répondu à leur pratique.

Certains médecins n'ont pas obtenu de l'iodobenzoyliodure de magnésium les résultats que nous
avions annoncés parce que nous les avions constatés ;
je ne connais point leur pratique, mais je vous met-
trai en garde contre les phénomènes d'apparence
contradictoire, tels que l'élévation, au lieu de la
chute de la température à la suite des injections de
notre spécifique bactérien, par exemple.

Nous étudierons dans les leçons suivantes l'action
des injections de l'iodobenzoyliodure de magnésium
dans les maladies de l'appareil respiratoire.

DIX-SEPTIÈME LEÇON

TRAITEMENT DE LA BRONCHO-PNEUMONIE PAR LES INJEC-
TIONS HYPODERMIQUES DE SOLUTÉ D'IODOBENZOYLIODURE
DE MAGNÉSIUM

Messieurs,

DÉFINITION. — La broncho-pneumonie est une
affection inflammatoire des bronches et du parenchyme pulmonaire ; la broncho-pneumonie est
infectieuse et contagieuse ; la fièvre, une élévation
de température variable, au-dessus de la normale,
accompagne le plus souvent, la broncho-pneumonie.

CAUSES. — Les causes de la broncho-pneumonie
sont d'origine individuelle, d'origine cosmique et
d'origine microbienne.

Pour des raisons les plus diverses, différentes
selon les individus, mais aboutissant toutes au
même résultat, à la *déminéralisation*, l'individu est
affaibli, sa résistance physique est diminuée; un
coup de vent froid l'enveloppe ; la circulation péri-

phérique, la circulation de la surface respiratoire sont profondément modifiées ; les microbes toujours présents rencontrent un milieu favorable, un sol bien préparé et l'infection commence, suivie de toutes les réactions locales et générales propres à sa nature. Les causes de la broncho-pneumonie peuvent se diviser en deux catégories : 1° causes individuelles, somatiques, appartenant en propre à l'individu ; ces causes sont les plus graves de toutes, car, pas de sol approprié, pas de récoltes ; 2° causes circum-efficientes qui ont acquis une importance considérable depuis les découvertes de la microbiologie.

Les causes individuelles sont la déminéralisation, soit la débilité organique ; les causes d'origine cosmique sont le froid, les vents d'est, nord-est ou nord-ouest dans nos régions ; les causes d'origine microbienne, sont de découverte relativement récente et si leur découverte a ajouté aux connaissances des causes secondes de la broncho-pneumonie, leur découverte n'a point changé les caractères symptomatologiques de cette affection ; les causes d'origine cosmique et d'origine bactérienne tout en appartenant aux causes circum-efficientes méritent d'être considérées séparément. Les modifications de la circulation périphérique et des surfaces respiratoires résultant du spasme des capillaires sous l'influence du froid et aussi de la tension de la vapeur d'eau, de la tension électrique de l'atmosphère, de la quantité de vibrations lumineuses, sont des causes nocives d'action générale qui exercent leur influence sur tous les êtres en général, et plus particulièrement et plus activement chez ceux dont la résistance organique est le plus diminuée pour des raisons sociales, physiques ou physico-psychiques, ou parce que les surfaces augmentent facilement la perte du calorique comme chez les jeunes enfants, ou parce que la sénescence des cellules diminue l'activité des actes vitaux comme chez les vieillards qui ne sont au fond que des déminéralisés malgré les apparences d'une hyperminéralisation. L'intensité de l'affection serait toujours en rapport avec l'intensité de la cause cosmique et notre état social nous permettrait, dans une large mesure, de compenser l'action malfaisante de cause cosmique ; mais l'état précaire de l'individu d'une part, le retentissement plus ou moins intense, en rapport avec sa résistance, que peuvent avoir sur son organisme les causes cosmiques d'autre part, font de l'homme et des animaux un terrain merveilleusement préparé, je ne dirai pas pour l'éclosion, mais pour l'évolution microbienne ; les animaux ont leur spécificité morbide comme l'homme a sa propre spécificité, mais l'homme et les animaux ont aussi une spécificité morbide commune ; la broncho-pneumonie est une affection commune à l'homme et aux animaux, tout au moins aux animaux qui l'entourent.

L'homme débilité, l'animal surmené, auraient pu résister encore pendant longtemps à l'invasion microbienne si l'*ictus cosmique*, permettez-moi cette expression, n'était pas venu les livrer, proie facile, aux innombrables colonies microbiennes. L'action microbienne dont nous devons, par tous les moyens, arrêter l'invasion, est donc subordonnée et à la cause individuelle et à la cause cosmique générale ; cela nous explique pourquoi, malgré le nombre et l'intensité des virulences au milieu desquelles nous vivons, nous sommes relativement peu frappés.

Des maîtres plus autorisés que moi vous diront, avec une érudition à laquelle je ne saurais prétendre, ce que sont les lésions anatomiques de la broncho-pneumonie ; d'autres vous diront, sans en oublier un seul, quels sont les micro-organismes et les noms des heureux mortels qui les observèrent les premiers, quels sont les micro-organismes qui pullulent dans les bronches et les poumons, avant, pendant la période d'état et après la broncho-pneumonie. Je me suis laissé dire que la broncho-pneumonie, que les épi-phénomènes de la broncho-pneumonie étaient causés par divers microbes ; que le microcoque de Babès disputait sa vie, dans les foyers de broncho-pneumonie, au bacille de Lœffler, au bacille d'Eberth, au bactérium coli, ou au bacille de Friedlander, ou au staphylocoque pyogène, ou au bacille de Pfeiffer, etc., etc. M. Netter est venu mettre un peu d'ordre dans cette lutte pour la vie des microbes au sein des foyers broncho-pneumoniques ; il a trouvé au premier rang des lutteurs le pneumomocoque, puis le streptocoque ; il paraît avéré, cependant, que le bacille encapsulé de Friedlander est l'agent actif de certaines broncho-pneumonies.

Divisions. — Le syndrome de la broncho-pneumonie diffère selon les individus, selon les saisons, selon l'état endémique ou épidémique ; les lésions anatomiques de la broncho-pneumonie sont éminemment complexes. Qu'est-ce à dire ? C'est qu'il n'y a point de broncho-pneumonie proprement dite, mais des broncho-pneumonies chez des individus différents et que les lésions anatomiques, tout au moins peut-on lé supposer, sont en rapport : 1° avec l'état de l'individu ; 2° avec la nature ou la prédominance de l'espèce microbienne envahissante. Je me garderai bien de vous rappeler les lésions inflammatoires prémicrobiennes des bronches et du poumon ; mon audace est déjà peu commune que d'oser vous rappeler que derrière la broncho-pneumonie existe un individu malade, toujours amoindri, toujours déminéralisé ; vous vous souvenez, je l'espère, non point de ce que je vous ai dit, mais de ce que je vous ai démontré, touchant la minéralisation : qu'il ne suffisait pas pour être sain, d'être minéralisé, mais qu'il était indispensable que les éléments de minéralisation fussent en un rapport normal entre eux.

Qui est-ce qui s'occupe de l'inflammation aujourd'hui ? D'un excès l'on est tombé dans un autre ; l'on s'en occupait beaucoup trop avant l'époque microbienne ; l'époque microbienne est une strate importante de l'histoire des sciences biologiques ; comme les strates des terrains de sédiment indiquent une époque des plus considérables de la formation de notre globe, de même la strate historique microbienne indique l'une des époques les plus épaisses des sciences biologiques. On s'est beaucoup trop préoccupé de l'inflammation, sans doute, mais permettez-moi de le dire, l'on ne s'en occupe plus assez aujourd'hui ; nous en reparlerons à l'occasion ; je me contenterai de vous dire en ce moment, que les causes physiques, chimiques ou cosmiques de l'inflammation paraissent complètement abandonnées ; nous verrons que cet abandon n'est pas justifié.

Il n'y a donc point, comme je vous le disais tout à l'heure, de broncho-pneumonie ; il y a des broncho-pneumoniques ; la broncho-pneumonie est le plus souvent *secondaire*, c'est-à-dire qu'elle vient s'ajouter à une autre affection, à une autre infection qui a déjà compromis la résistance d'un malade. On peut considérer qu'il existe : 1° une broncho-pneumonie grippale, de toutes la plus fréquente depuis quelques années, la plus insidieuse et par conséquent la plus redoutable. Pouvons-nous considérer le bacille de Pfeiffer comme le microbe spécifique de la grippe, de l'influenza, conséquemment de la broncho-pneumonie grippale ? Rosenthal ne le croit pas ; cet auteur a recherché le cocco-bacille de Pfeiffer dans dix-neuf cas de broncho-pneumonie, et il l'a rencontré quinze fois, mais il ne l'a pas rencontré avec plus de fréquence dans la broncho-pneumonie grippale que dans les autres formes de broncho-pneumonie : Rosenthal considère le bacille de Pfeiffer comme un microbe banal que l'on trouve presque toujours au milieu de la flore qui habite les organes respiratoires malades.

2° Une broncho-pneumonie diphtérique ; 3° une broncho-pneumonie rubéolique ; 4° une broncho-pneumonie de la coqueluche ; 5° une broncho-pneumonie de la fièvre typhoïde ; 6° une broncho-pneu-

17.

monie de l'érysipèle ; 7° une broncho-pneumonie de l'entérite infectieuse des enfants ; 8° enfin la broncho-pneumonie peut apparaître dans le cours du plus grand nombre des maladies infectieuses. J'ai classé la broncho-pneumonie d'après la fréquence de son apparition au cours des maladies qui servent à la désigner.

La classification que j'ai adoptée semblerait indiquer que toutes les broncho-pneumonies, que la broncho-pneumonie est toujours secondaire, c'est-à-dire qu'elle viendrait compliquer un état pathologique déjà fort compromettant ; il n'en est rien ; la broncho-pneumonie peut être elle-même, elle peut être *primitive*, ce qui n'est point fait pour éclairer sa pathogénie, au contraire. D'après Roger, la broncho-pneumonie serait *primitive*, une fois sur trois. Que faut-il entendre par broncho-pneumonie primitive ? La broncho-pneumonie primitive évolue sans paraître liée à aucune affection connue ; la broncho-pneumonie primitive serait une affection exclusive des bronches et du parenchyme pulmonaire : elle a pour caractère particulier d'apparaître durant la toute première enfance et la vieillesse ; la flore bactérienne de la broncho-pneumonie primitive où dominent le pneumocoque et le streptocoque semble différer, mais pas dans tous les cas, de la flore de la broncho-pneumonie secondaire, par l'absence de l'agent pathogène spécifique de la maladie concomitante ; Netter admet, en effet, la pluralité microbienne à l'origine de la broncho-pneumonie.

SYMPTOMATOLOGIE. — Deux éléments d'observation dominent le tableau clinique de la broncho-pneumonie : 1° observation des phénomènes locaux, 2° observation des phénomènes généraux.

PHÉNOMÈNES LOCAUX. — Dès le début, la percussion ne révèle aucune altération dans la sonorité thoracique ; dans quelques cas, la sonorité est légèrement exagérée ; l'auscultation révèle des râles sibilants et quelques râles sous-crépitants, à bulles plus ou moins grosses. La broncho-pneumonie peut, durant toute son évolution, ne présenter d'autres symptômes locaux que les précédents ; elle est disséminée. Beaucoup plus souvent, la percussion révèle de la submatité, assez fréquemment de la matité ; l'auscultation révèle des râles sous-crépitants fins, de la respiration soufflante en rapport avec la submatité, du souffle tubaire, des râles crépitants et aussi de l'exagération des vibrations de la voix à travers un point limité de la paroi thoracique, en rapport avec la matité : si ces derniers symptômes restent fixes, ils sont les signes d'une pneumonie lobulaire avec ce que l'on appelle, en anatomie pathologique, de la *splénisation* du poumon ; lorsque les signes précédents sont fugaces, lorsqu'ils disparaissent du jour au lendemain du point où on les avait observés pour se montrer sur de nouvelles parties du poumon qui paraissaient intactes jusque-là, vous êtes en présence de congestions actives dont Cadet de Gassicourt, le descendant de l'apothicaire de Louis, quinzième du nom, a démontré et l'importance et la gravité ; n'est-ce pas cette forme de la broncho-pneumonie, de la broncho-pneumonie vraie, à mon sens, au point que l'on pourrait interpréter les autres signes de la broncho-pneumonie comme des symptômes de pneumonie fruste, n'est-ce pas cette forme de la broncho-pneumonie que Gendrin, je crois, appelait pneumonie *serpigineuse ?* Les signes de ces congestions actives de Cadet de Gassicourt sont des symptômes de foyers nouveaux de broncho-pneumonie qui naissent sous l'influence de l'éclosion de nouveaux foyers microbiens.

Phénomènes généraux. — Les phénomènes locaux ne sauraient, en aucun cas, nous avertir de la gravité de la broncho-pneumonie ; ce sont les phénomènes généraux, les troubles fonctionnels et l'état général du malade qui nous indiqueront bien mieux que la percussion et l'auscultation l'état du broncho-pneumonique. Les phénomènes généraux sont de deux ordres : objectifs et subjectifs. Au premier rang des phénomènes subjectifs il faut placer l'idée obsédante, vient ensuite la dyspnée, phénomène subjectif et objectif tout à la fois ; au point de vue de la gravité du pronostic, je place la convulsion chez le tout jeune enfant, le délire chez l'enfant plus âgé, et l'idée obsédante chez l'adulte, au premier rang de tous les phénomènes généraux observés ; ces phénomènes, en effet, sont l'expression d'une altération profonde de la cellule nerveuse par les toxines microbiennes ; avant l'usage du soluté, j'ai rarement vu guérir des malades atteints d'idée obsédante ; ce qui caractérise l'idée obsédante ce n'est point ni l'unité, ni la forme de l'idée ; l'idée obsédante varie avec chaque malade et lorsque la même obsession se rencontre chez des malades différents, chacun d'eux lui imprime une forme personnelle ; l'idée obsédante se distingue de l'idée délirante en ce qu'elle peut n'avoir rien de commun avec les occupations ou les aspirations de l'esprit ; ainsi, j'ai connu un malade dont la pensée était constamment retenue par le mot, Brocklyn, nom d'une ville des États-Unis où le malade n'était jamais allé, dont il n'avait, à son souvenir, jamais entendu parler (ce mot sera sans doute tombé un jour par hasard sous ses yeux ou dans ses oreilles), et pendant la convalescence, l'idée obsédante avait imprimé son caractère avec une telle intensité sur son cerveau que le patient, homme habitué à l'analyse psychologique, se demandait pourquoi Brocklyn qui lui était inconnue, par conséquent indifférente, avait pu, malgré lui, retenir sa pensée pendant plusieurs jours de suite.

La dyspnée, la toux sont des phénomènes subjectifs et objectifs : comme le médecin peut les apprécier directement, je les placerai parmi les phénomènes objectifs.

PHÉNOMÈNES OBJECTIFS. — Les phénomènes objectifs sont la dyspnée, la toux, les crachats, le facies, l'habitus du malade, l'accélération du pouls et enfin la fièvre.

Le début de la broncho-pneumonie est insidieux, rarement brusque ; mais le médecin est le plus souvent appelé au moment où quelque symptôme vient d'éclater brusquement, ce qui peut en imposer au clinicien le plus consommé ; j'ai fait cette observation quelquefois.

La dyspnée est souvent intense chez les enfants ; j'ai constaté chez la dernière fillette que j'ai soignée, soixante respirations à la minute et cependant le confrère qui soignait habituellement l'enfant assurait que sa jeune malade allait mieux.

La toux est sèche, douloureuse, mais le phénomène *point de côté* manque ordinairement ; la toux devient grasse, catarrhale, plus ou moins rapidement ; les crachats, sauf chez les enfants qui ne crachent pas et chez les vieillards qui crachent difficilement, sont muco-purulents au début et offrent un goût et une odeur de catarrhe *sui generis ;* puis les crachats deviennent sanglants et prennent des teintes différentes selon la quantité de pus, de mucus et de sang qui les constituent. Quoi qu'en pensent les auteurs, la teinte des crachats ne me semble pas en rapport avec la qualité de la lésion locale et ce que l'on peut affirmer seulement, c'est que la lésion paraît être d'autant plus sévère que les crachats contiennent plus de sang.

Le facies du malade est important à considérer ; les orbites se creusent, le nez se pince à chaque instant sous l'influence de l'effort respiratoire ; les narines battent ; la langue est sèche ; le malade est abattu, quelquefois anxieux ; il est assis dans son lit et pendant ce temps le pouls bat 120 à 160 et la température atteint 40° à 41° ; c'est la fièvre, la fièvre intense contre laquelle seront dirigées toutes les ressources de la thérapeutique contemporaine ; nous allons voir si cette manière de soigner les malades est justifiée. Qu'est-ce que la fièvre ? Tous les hommes qui ont observé des malades depuis et y compris Hippocrate jusqu'à nos jours ont eu une conception particulière de la fièvre ; j'ai fait trop de chimie biologique, je crois m'être assimilé suffisamment les idées régnantes en médecine contemporaine pour n'avoir pas aussi le droit d'avoir une conception particulière de la fièvre : *La fièvre n'existe pas.* Les phénomènes multiples que l'on appelle *fièvre*, sont le résultat d'une réaction de l'organisme, je dis d'une réaction de l'organisme, ce n'est pas moi qui ai inventé ni le mot, ni la chose, réaction d'ordre physiologique et d'ordre chimique pour ne pas dire exclusivement d'ordre chimique ; la fièvre est une *réaction chimique, exothermique,* de l'organisme. Comme toutes les réactions de nature organique en milieu vivant, la réaction exothermique de l'organisme vivant est complexe.

La chaleur de formation des corps azotés est exothermique sauf la chaleur de formation du cyanogène et de son composé hydrogéné, le cyanure d'hydrogène.

Le cyanogène, vous le savez, est l'un des chaînons de la constitution de l'acide urique comme l'indique le groupement moléculaire suivant :

$$\text{CO} \begin{cases} \text{AzH} - \text{CO} \\ \qquad\qquad | \\ \qquad \text{CH} - \text{AzH} - \text{CAz.} \\ \qquad\qquad | \\ \text{AzH} - \text{CO} \end{cases}$$

Le professeur Ar. Gautier a démontré que « contrairement à une fausse théorie qui voulait que les végétaux seuls puissent fabriquer des bases complexes, *les animaux produisent des alcaloïdes complexes dans toute cellule où la vie et la reproduction sont en pleine activité*. M. Gautier a nommé ces corps *leucomaïnes*, pour indiquer qu'ils sont les produits basiques du dédoublement des albuminoïdes (λεύκωμα, albumen ou blanc d'œuf) soumis au fonctionnement vital. »

Les leucomaïnes se rapprochent des uréides parce que par hydratation ou oxydation ils produisent de la *guanidine*, base capable de donner naissance à l'urée en s'hydratant avec dégagement d'ammoniaque. Si les leucomaïnes « s'accumulent dans les tissus, elles deviennent des agents pathogènes [1] ». Au contact des alcalis et dans certaines conditions, les leucomaïnes xanthiques qui se rapprochent le plus de la série urique, perdent leur azote à l'état de cyanogène et l'une d'elles, l'*adénine*, est polymère de l'acide cyanhydrique.

Les leucomaïnes xanthiques seraient, d'après Kossel, des dérivés de nucléines ; vous qui connaissez l'importance des nucléines dont je vous ai parlé assez souvent au sujet du magnésium, vous

[1] A. Gautier, *Chimie biologique*, p. 229.

comprenez tout l'intérêt qui s'attache à la remarque de Kossel.

Il existe encore d'autres bases alcaloïdiques dans l'organisme, telles que la *choline* et son anhydride la *névrine*. La choline se transforme par oxydation en *muscarine* et *bétaïne*. La muscarine, vous le savez, est un poison violent que l'on retire de la fausse oronge (*agaricus muscarius*). Les venins, les toxines sont quelquefois accompagnés de corps cristallisables, définis, qui ajoutent leur action toxique à celle des venins et des toxines proprement dits.

Les leucomaïnes dont je viens de vous parler sont des produits de la vie aérobie des cellules ; les *ptomaïnes* (de πτῶμα, cadavre), dont je vais vous dire quelques mots, ne sont pas le produit exclusif, comme leur nom semble l'indiquer, de la putréfaction ; les ptomaïnes sont aussi le produit de la vie anaérobie, c'est-à-dire de la vie sans air, sans oxygène. Les ptomaïnes sont des alcaloïdes animales, chimiquement définies et que l'on trouve chez certains malades à côté de toxines violentes ; les unes contiennent de l'oxygène, les autres n'en contiennent point ; Böeklish a signalé la *cadavérine*, base non oxygénée, peu toxique, dans les cultures du *vibro proteus ;* Hoffe a retiré des bouillons de culture du même vibrion, une base non oxygénée, la *méthylguanidine* qui est très toxique; la même base se rencontre dans les bouillons de culture du *vibrion septique* appelé par les Allemands *bacille de l'œdème malin;* une autre base non oxygénée, la *spermine*, paraît être l'un des produits de l'activité vitale du bacille de Koch, en bouillons de culture.

Parmi les ptomaïnes oxygénées, Griffiths a retiré la *propylglycocyamine* des urines de malades atteints de fièvre ourlienne.

Plusieurs autres alcaloïdes microbiennes, les unes oxygénées, les autres non oxygénées sont très vénéneuses ; telles sont la *typhotoxine*, la *tétanine*, la *tétanotoxine*, la *spasmotoxine* de Brieger, les bases extraites par Villiers, G. Pouchet des déjections cholériques, Aurepp des cerveaux de chiens enragés, etc. A propos des propriétés thermochimiques des corps azotés j'ai été amené à vous parler de l'acide urique, des corps découverts pour le plus grand nombre par le professeur Gautier et qui ont une parenté plus ou moins éloignée avec la série urique ; vous verrez bientôt que cette digression apparente n'est pas un hors-d'œuvre.

Il n'y a pas que les corps azotés dont la formation soit exothermique, il y a aussi les polyglucosides dont est le glycogène, source principale de chaleur, source d'activité dans l'organisme.

La question posée et non résolue par l'expérimentation des physiologistes de tous les pays, ou à peu près, et dont il serait oiseux de vous citer ici les noms et les expériences, car il vous sera facile de trouver et les uns et les autres soit dans vos classiques, soit dans des ouvrages fort compendieux, véritables encyclopédies des sciences médicales contemporaines, la question posée et non résolue par l'expérimentation est de savoir si l'hyperthermie dans la fièvre est le fait d'une production exagérée de chaleur ou bien le résultat d'une rétention de la chaleur normale produite. Pour nous, tout en tenant compte des centres nerveux régulateurs de la chaleur, souvent inhibés, dans les maladies infectieuses, la solution de la question ne saurait faire l'objet d'un moindre doute. D'une part, absorption d'oxygène, puisque le rapport $\dfrac{CO^2}{O}$ n'est point régulier durant la fièvre ; d'autre part, la combustion des corps ternaires et des albuminoïdes se traduisant, celle-ci, par une superproduction d'urée en même temps que dans quelques cas par une superproduction d'acide urique, par la formation de bases pathogènes dont je vous parlais tout à l'heure, celle-là par une superproduction de chaleur qui est le propre de la combustion exagérée des hydrocarbones, me paraissent, en effet, expliquer suffisamment la superproduction de chaleur dans le phénomène appelé fièvre.

L'augmentation de l'urée dans l'urine des fébricitants indique la suractivité des oxydations des albuminoïdes quelle que soit la manière dont on puisse envisager ce travail ; la production exagérée de chaleur indique la combustion du glycogène et je trouve, en dehors de toute autre considération, une preuve indiscutable, de la combustion du glycogène pendant la fièvre, dans la présence d'un excès de potasse dans les urines ; de 1 gr. 64, moyenne normale de vingt-quatre heures, la potasse peut atteindre dans les urines 5 grammes par vingt-quatre heures, se substituant ainsi complètement à la soude. D'où vient la potasse, mais des muscles, je vous le rappelais dans une des dernières leçons et le glycogène est d'autant plus abondant dans les muscles que l'homme et les animaux sont plus jeunes, je vous l'ai démontré l'année dernière. Tout le monde sait d'ailleurs, vous le savez vous mieux que tout le monde, que la potasse est en rapport avec la genèse et les transformations de l'amidon.

L'hyperthermie, la superproduction de chaleur, voilà l'ennemi redoutable contre lequel le médecin d'aujourd'hui use ses armes ; on ne soigne plus la fièvre, oh ! non, elle n'existe pas ; son nom éveille trop de théories surannées ; la fièvre même, vous dit-on aujourd'hui, est nécessaire, il faut savoir la respecter ; mais l'hyperthermie ; ah !

l'hyperthermie, voilà ce que vous devez combattre ; combattre l'hyperthermie d'une fièvre intermittente par exemple, ne serait-ce pas folie, alors que vous avez sous la main la quinine qni éteint les causes de l'hyperthermie. Quand vous cherchez *per fas et nefas* à combattre l'hyperthermie vous me faites l'effet de pompiers qui essaieraient d'éteindre un incendie en inondant une glace qui le refléterait.

L'hyperthermie est le résultat d'une superproduction de chaleur par l'organisme, mais elle n'est pas, comme on l'a dit à tort, une suractivité nutritive ; quelle est la cause de cette superproduction de chaleur ? Quels sont les dangers de l'hyperthermie ?

Il faut vous habituer à considérer l'homme et tout ce qui l'entoure comme le résultat d'une série de réactions chimiques à l'origine desquelles vous trouvez le minéral comme vous le retrouvez à la fin ; dites-vous bien qu'en l'absence de la démonstration directe, de moyens de mesure pour qualifier toutes les réactions de la vie humaine, la minéralogie biologique vous permet d'apprécier, dès aujourd'hui, quelques-uns des éléments qui entrent dans les réactions physiologiques ou pathologiques, témoin la potasse dans la fièvre, disons, pour être précis, dans l'hyperthermie.

L'hyperthermie est le résultat de la transformation de corps organiques qui dégagent de la chaleur, pendant leur transformation, en dernière analyse. Les agents qui incitent cette transformation sont de plusieurs ordres ; des agents inanimés, mécaniques, des débris de corps animés, vivants ou ayant déjà subi un commencement d'altération ; enfin des agents animés, doués de vie ; ces derniers seuls nous intéressent en ce moment ; ces corps animés, doués de vie, produisent, comme tous les éléments cellulaires, en général, des ferments, c'est-à-dire des *albuminates*, dont la spécificité minérale nous est momentanément inconnue pour le plus grand nombre, mais dans lesquels la matière minérale se rencontre en quantité infinitésimale comme nous le démontre la spécificité des ferments que nous connaissons déjà. L'*invertine* ou *sucrase* de Berthelot peut servir de type pour les autres albuminates dits *pyrétogènes ;* je prends pour type l'invertine et parce que vous connaissez très exactement les propriétés de l'invertine qui transforme le sucre ordinaire en sucre interverti, c'est-à-dire, en un mélange de sucre dextrogyre et lévogyre, et parce que l'expérience nous enseigne que l'injection d'une solution faible d'invertine dans les veines d'un animal provoque chez lui une fièvre intense et de durée. Voilà, dans toute sa simplicité, à mon humble avis, l'explication de la thermogenèse de l'hyperthermie ; l'hyperthermie est la conséquence, je ne dis pas le résultat, de l'action d'une diastase, d'un albuminate, d'un ferment sur une substance fermentescible déterminée.

La fermentation a pour résultat premier de changer le groupement moléculaire des corps et comme ce changement se fait avec développement de chaleur, la chaleur produite active la fermentation. Le premier acte de la fermentation est donc une simple transformation moléculaire accompagnée de dégagement de chaleur ; cela est important ; premier point de la fermentation, transformation moléculaire du corps fermentescible avec dégagement de chaleur ; mais transformation moléculaire d'abord ; cette transformation moléculaire peut aller fort loin puisque de l'amidon vous pouvez arriver à l'alcool, puisque du muscle sain vous pouvez arriver à la dégénérescence vitreuse la plus complète. Les toxines, vous le savez, sont des produits de la vie ou peut-être de la mort des microbes ; je considère, vous le savez encore, les toxines comme des albuminates, comme de véritables ferments. Les toxines seraient des agents de transformation comme l'invertine et conséquemment, des agents de thermogenèse dont l'activité varierait avec l'origine de chacun d'eux.

L'hyperthermie serait donc le résultat d'une fermentation produite par une diastase d'origine animale, toujours renouvelée jusqu'à la disparition de la matière fermentescible ou jusqu'à la disparition, faute d'aliments appropriés, de l'agent sécrétant la diastase.

Nous connaissons un grand nombre d'agents sécréteurs de ferments, nous sommes loin de les connaître tous ; quant aux corps fermentescibles nous n'en connaissons qu'un d'une manière bien définie, c'est le glycogène, mais ce corps est un des plus importants.

L'hyperthermie a ses dangers : elle prépare de nouveaux matériaux aux ferments ; en effet, certains albuminates précipitent déjà à une température de 39° C., très nettement à 40° C. ; leur groupement moléculaire est disloqué, ils sont aptes pour la fermentation ; l'hyperthermie a aussi ses avantages, car elle tempère la sécrétion des toxines et en atténue dans une certaine mesure l'activité ; mais il nous paraît bien certain que les avantages de l'hyperthermie n'en compensent point les inconvénients. Il faut donc éviter l'hyperthermie ou la combattre. On peut éviter l'hyperthermie en arrêtant l'activité des agents de sécrétion des ferments, en arrêtant les fermentations par défaut de corps fermentescibles appropriés ; combattre l'hyperthermie n'est pas toujours chose raisonnable, car si l'hyperthermie est nuisible à l'état pathologique, elle est nécessaire à l'état de reconstitution ; pour que l'hyperthermie cesse, il faut que non seulement les microbes, les agents de sécrétion des ferments, des toxines, soient détruits, que les toxines aient disparu, mais il faut que la nutrition redevienne normale, c'est-à-dire que l'organisme puisse se débarrasser de tous les déchets résultant des fermentations ; il est donc bien difficile de discerner le moment où l'on doit combattre du moment où l'on doit respecter l'hyperthermie ; la durée de l'hyperthermie peut servir de base à une décision ; nous aurons de moins en moins besoin de nous préoccuper de la fièvre, non de l'hyperthermie, puisque nous disposons d'un moyen facile, inoffensif, d'arrêter les fermentations toxiniques, soit l'hyperthermie d'intoxication, dans un grand nombre de cas.

TEMPÉRATURE. — Dans la broncho-pneumonie, la température oscille entre 38° et 40° et quelquefois plus ; elle reste élevée pendant un, deux, trois, quatre jours, puis elle baisse pour se relever le lendemain ou le surlendemain ; souvent, la température du matin est plus élevée que la température du soir ; je ne connais pas d'autre affection à proprement parler, qui présente ce caractère. Les tracés thermométriques de la broncho-pneumonie sont des plus irréguliers et la marche de la broncho-pneumonie est, elle aussi, des plus irrégulières.

Durée. — La durée de la broncho-pneumonie, est très variable ; la broncho-pneumonie peut être foudroyante chez l'enfant ; la broncho-pneumonie pourrait, jusqu'à présent, s'étendre sur un laps de temps variant de un à trente jours ; parfois de un à cinquante jours.

La convalescence de la broncho-pneumonie est pénible, je devrais dire était pénible avant l'usage du soluté ; de même les rechutes étaient fréquentes ; les rechutes ne sont, ordinairement, pas une maladie nouvelle, mais le rajeunissement, à la suite d'une pseudo-guérison, de la première atteinte de broncho-pneumonie.

Terminaison. — La mort peut survenir à tous les termes du développement de la broncho-pneumonie ; c'est du cinquième au sixième jour que la mort est le plus fréquente ; aux deux extrêmes de la vie, la broncho-pneumonie était jusqu'ici constamment mortelle, je dis était constamment mortelle ; nous l'avons vu guérir chez le vieillard assez fréquemment et nous avons vu le vieillard succomber après la guérison de la broncho-pneumonie aux conséquences diverses de l'usure des tissus.

Jusqu'à trois ans les enfants meurent de broncho-pneumonie dans la proportion de 95 p. 100 ; au-dessus de trois ans la mortalité est de 75 p. 100 ; chez l'adulte elle est de 50 p. 100 ; si nous prenons en bloc le pourcentage de la mortalité par broncho-pneumonie, nous voyons que la mortalité dans la broncho-pneumonie est fort élevée, 73 p. 100.

Selon la statistique hebdomadaire de la ville de Paris, il meurt, en moyenne, à Paris, chaque semaine, pendant les mois d'hiver, 50 malades atteints de broncho-pneumonie ; soit 1 300 broncho-pneumoniques décédés, représentant 1 781 malades.

Durant certaines semaines d'avril, la mortalité par broncho-pneumonie se rapproche de 70 décès par semaine ; durant les mois d'été la moyenne hebdomadaire de mortalité est de 26 décès pour la broncho-pneumonie ; tout compte fait, on peut admettre qu'il meurt chaque année, à Paris, 73 p. 100 de malades atteints de broncho-pneumonie, et que le nombre des décès oscille entre 2 000 et 2 600 ; ces quelques chiffres vous démontrent la gravité de la broncho-pneumonie. Ah ! si seulement votre médicament pouvait guérir la broncho-pneumonie,

s'écriait souvent un de vos illustres maîtres ! Vous
verrez descendre cette épouvantable statistique de
mortalité de 95 p. 100 et le désir si souvent exprimé
de votre maître, réalisé dans la plus large mesure.

DIX-HUITIÈME LEÇON

TRAITEMENT DE LA BRONCHO-PNEUMONIE PAR LES INJEC-
TIONS SOUS-CUTANÉES D'IODOBENZOYLIODURE DE MA-
GNÉSIUM

L'iodobenzoyliodure de magnésium a une action
physiologique multiple : il est anti-bactérien ; il
est vaso-dilatateur ; il est puissamment éliminateur.

A cause de cette dernière propriété, l'iodobenzoyliodure de magnésium sera employé avec beaucoup
de circonspection dans le traitement de la tuberculose pulmonaire généralisée ou simplement étendue ; dans la tuberculose pulmonaire limitée ou
dans la tuberculose pulmonaire étendue, une injection d'un centimètre cube de *soluté* tous les cinq
jours, tous les huit jours, est suffisante. Il faut
savoir, dans la tuberculose, mieux encore que dans
toute autre maladie, fortifier la patience du malade ;
en effet, si l'on peut agir avec efficacité sur la flore
bactérienne de la tuberculose, on est impuissant à
hâter sa guérison par des moyens autres que ceux

employés ordinairement par la nature pour la cica-
trisation des plaies, en général ; la guérison des
ulcères tuberculeux du poumon est soumise à plusieurs conditions que nous étudierons longuement
lorsque nous ferons le traitement de la tuberculose ; qu'il me suffise de dire, aujourd'hui, qu'à la
suite d'injections de *soluté* trop fréquentes ou trop
abondantes, le nombre des bacilles de Koch, peut
augmenter dans les crachats des tuberculeux ;
la propriété éliminatrice de l'iodobenzoyliodure
explique cette aggravation apparente qui est le
signe d'une amélioration réelle quand on sait con-
duire le traitement. L'iodobenzoyliodure de magnésium est anti-bactérien d'une façon toute spéciale
puisqu'il n'empêche pas l'évolution des bactéries
en milieu de culture artificielle, dans les bouillons,
tandis qu'il empêche l'évolution bactérienne en
milieu vivant ; c'est bien à la bactérie et non point
à la toxine que s'adresse l'action de l'iodobenzoyliodure de magnésium ; en effet, il résulte d'expériences exécutées avec le concours du Dr Barlerin
que les bactéries développées au contact de l'iodobenzoyliodure de magnésium et injectées sous la
peau d'animaux de choix, perdent la plus grande
partie de leur virulence ; c'est à la cellule qui produit le ferment et non point au ferment directement que s'attaque l'iodobenzoyliodure de magné-

sium ; ce corps est donc bien un anti-bactérien particulièrement chez l'homme et je pourrais ajouter, chez le cheval, comme viennent de me le démontrer quatre expériences récentes ; il s'agit ici de l'homme exclusivement.

L'iodobenzoyliodure de magnésium est un vaso-dilatateur ; souvent, en effet, les injections de soluté sont suivies d'une diaphorèse abondante, en rapport, d'ailleurs, avec une amélioration marquée du malade.

L'iodobenzoyliodure de magnésium est un éliminateur ; qu'est-ce à dire ? La virulence des bactéries étant ou très atténuée ou abolie par l'action de l'iodobenzoyliodure de magnésium, la nécrose résultant de l'action des produits microbiens est arrêtée et les tissus, selon l'aptitude qui leur est propre, cherchent à éliminer les parties nécrosées ; cette élimination se produit sous l'influence de lois physiologiques dont la cause réside dans la qualité propre de tous les tissus vivants : l'irritabilité ; les tissus morts sont des corps étrangers à l'organisme.

Ainsi les propriétés de l'iodobenzoyliodure de magnésium sont de deux ordres : propriétés d'ordre physiologique proprement dit : vaso-dilatation et ses conséquences ; propriétés de l'ordre chimiotaxique : action sur la nutrition des bactéries.

L'action de l'iodobenzoyliodure de magnésium dans les affections bactériennes procède et de ses qualités physiques et chimiques que je ne vous rappellerai pas, vous les ayant décrites antérieurement, et de ses propriétés chimiotaxiques.

Je vous disais, à la fin de la dernière leçon, que si nous prenons en bloc la mortalité par broncho-pneumonie dans l'espèce humaine, nous voyons que cette mortalité atteint le nombre considérable de 73 p. 100 ; c'est-à-dire que sur cent individus de tous âges, de un jour de vie à la vieillesse, atteints de broncho-pneumonie, il en meurt 73, soit près des trois quarts.

Les tables de la mortalité par broncho-pneumonie s'abaissent considérablement à la suite des injections sous-cutanées d'iodobenzoyliodure de magnésium. Nous avons soigné ou vu soigner autour de nous 32 cas de broncho-pneumonie dont quelques-uns étaient fort graves. Ces 32 cas se répartissent sur une échelle d'âges allant de 8 mois à 74 ans.

Enfants : 8 mois, 1 ; 9 mois, 1 ; 16 mois, 1 ; 2 ans, 2 ; 7 ans, 2 ; 8 ans, 1 ; 12 ans et demi, 1 ; 14 ans, 1.

Vieillards : 74 ans, 1.

Adultes : 20 ans, 1 ; 24 ans, 2 ; 27 ans, 2 ; 29 ans, 1 ; 35 ans, 1 ; 42 ans, 2 ; 46 ans, 1 ; 51 ans, 1 ; 57 ans, 1 ; 58 ans, 2 ; 61 ans, 2 ; 63 ans, 1 ; 64 ans, 2 ;

67 ans, 1 ; âge moyen, 34, 57 ans ; mortalité :
homme, 61 ans ; femme, 29 ans, 2 décès ; mortalité, 6,25 p. 100.

Je vous rapporterai sommairement quelques
observations et je chercherai à les interpréter.

I. — X., sexe féminin ; âge, soixante et un ans ; femme
épuisée par le travail et les privations ; point de côté
intense, à droite ; crachats hémoptoïques ; râles à grosses
bulles occupant toutes les ramifications des bronches du
côté gauche ; râles de bronchite, à droite ; matité au som-
met droit, en arrière ; exagération des vibrations tho-
raciques et souffle au niveau de la matité ; température
axillaire : 38°,6 ; grande prostration ; nous sommes au
deuxième jour de la maladie ; injection de 6 centimètres
cubes de soluté ; cinq heures après l'injection le point de
côté a disparu ; vingt-quatre heures après l'injection le
facies de la malade est meilleur ; les crachats sont moins
teintés ; la température est de 36°,6 ; quatre jours plus
tard la malade était guérie ; j'ai fait plusieurs observations
pareilles à celle-là, sur des terrains pires encore : telle
une broncho-pneumonie qui éclate en plein terrain tuberculeux ; telle une broncho-pneumonie qui éclate chez un
diabétique, âgé de cinquante-neuf ans, etc.

II. — Enfant, âgé de deux ans ; je vois cet enfant le
19 mars 1900 ; il est malade depuis vingt et un jours ; l'état
du petit malade est déplorable ; devant la gravité de la
situation, l'honorable confrère traitant l'enfant avait prié
les parents de lui adjoindre un autre médecin ; je trouvai
le malade en état de collapsus ; la dyspnée était intense ;
le pouls battait 100 fois à la minute ; les pommettes étaient
cramoisies ; il y avait un souffle très net, à la base, à gauche ;

de nombreux râles sous-crépitants entourent la splénisation ; on perçoit une crépitation fine dans les deux tiers
inférieurs du poumon droit ; la température axillaire est
de 39°,9 ; je pratique séance tenante, une injection d'un
centimètre cube de soluté ; le 22 mars je revois l'enfant à
8 heures et demie du soir, trois jours après la première
injection, la température est de 39°,4 ; l'état général me
paraît sensiblement amélioré ; je pratiquai une nouvelle
injection de deux centimètres cubes de soluté et les températures du 23 mars sont les suivantes : 9 heures un quart
du matin, 38°,7 ; 3 heures et demie du soir, 38°,7 ; 10 heures
un quart du soir, 37° ; le 24 mars, 2 heures et demie du
soir, 38° ; 4 heures du soir, 38°,7 ; injection de 1 centimètre
cube de soluté à 8 heures du soir ; le 25 mars, les températures sont les suivantes : 5 heures du matin, 36°,5 ; 3 heures
et demie du soir, 36°,9 ; 9 heures un quart du soir, 36°,7 ; le
29 mars, 9 heures du soir, 36°,5 ; l'enfant est guéri depuis
deux jours ; la crépitation fine qui siégeait à droite et qui
était de date récente disparut dans les vingt-quatre heures
qui suivirent la première injection ; les lésions anatomiques
du côté gauche n'étaient pas encore complètement répa-
rées. que l'enfant jouait déjà sur son lit.

III. — L'observation suivante appartient à un savant
confrère qui sait se servir du soluté comme le montrent
ses diverses observations.

X., vingt-huit ans, femme multipare, allaite son enfant
depuis quinze mois ; elle jouit d'une bonne santé habituelle ; le 5 avril, au matin, grippe à début violent ; le soir
du même jour, point de côté, sous le sein droit, dyspnée ;
mêmes symptômes dans la journée du 6 ; le 6 au soir,
survient un point de côté, à gauche ; le 7, la dyspnée
augmente ; la fièvre est violente ; le 8, le quatrième jour
de la maladie notre distingué confrère est appelé à 2
heures de l'après-midi et constate une broncho-pneu-

monie occupant toute la moitié inférieure du poumon droit; pluie de râles fins, souffle, etc.; à gauche mêmes signes dans le tiers inférieur; toux incessante, crachats rosés, spumeux, fibrineux, comme dans l'œdème suraigu du poumon; pas d'albumine dans les urines; température, 39°,05; pouls, 110; injection de 4 centimètres cubes de soluté d'iodobenzoyliodure de magnésiun est immédiatement pratiquée; le soir même, trois heures après l'injection, la température axillaire est de 40°; le pouls bat 120 pulsations à la minute; le 9 avril, à 9 heures du matin, température, 39°,6; et à 5 heures du soir, température, 37°,5; à 9 heures du soir, température, 38°,5, le point de côté disparaît; la nuit du 9 au 10 est bonne; le 10, au matin, température, 39°; le soir, la température est de 37°,5; là s'arrête la fièvre; les signes stéthoscopiques ont persisté pendant sept jours après la disparition de la fièvre.

Le même auteur nous a donné une belle observation de guérison d'une grippe grave (T., 39°,5) à forme gastro-intestinale, mais qui n'a point sa place ici.

IV. — Enfant âgé de quatorze ans, robuste, né de parents sans tares héréditaires autres que des manifestations arthritiques; cet enfant vient de séjourner pendant dix jours à l'infirmerie d'un des grands établissements d'instruction secondaire de Paris; il arrive chez ses parents, qui habitent passagèrement Paris, le 3 avril; cet enfant ne parait nullement malade; sa température est de 36°,7; cependant à l'auscultation, on constate à la base du poumon gauche de grosses crépitations; pas de dyspnée, pas de point de côté; le cœur est sain; les urines ne contiennent pas d'albumine; je pense à une broncho-pneumonie d'origine grippale, en voie de résolution.

L'enfant et son père lui-même désirent vivement regagner leur demeure habituelle, je pratique à cet enfant robuste, une injection de 3 centimètres cubes de soluté

le 4 avril à 9 heures du matin; la température axillaire
était, en ce moment-là de 36°,6; la nuit fut un peu agitée;
le lendemain 5 avril, les râles sont devenus fins et occu-
pent une moins grande surface que les gros râles de
l'avant-veille; le 6 avril, même état que la veille ; à l'ins-
tigation du père toujours pressé de retourner chez lui,
j'injecte de nouveau 3 centimètres cubes de soluté; le
7 avril, à 9 heures du matin la température axillaire
est de 39°; à l'auscultation on perçoit un souffle très net
à la place des fines crépitations de la veille; le 9, à 9 heures
du matin, le souffle s'est considérablement adouci; l'enfant
se sent fort bien; température, 37°, le vendredi 13 avril le
jeune malade quitte Paris malgré mes conseils.

Commentaires. — Chez la malade qui fait le sujet
de la première observation, la température n'est
nullement en rapport avec la gravité de la situation; je ne saurais trop vous mettre en garde contre
les illusions thermométriques ; la thermoscopie
appliquée à la pathologie est une science décevante;
vous vous trouvez, à chaque instant, en présence
de températures élevées qui vous autorisent à jeter
la consternation dans une famille, alors que quelques vésicules d'herpès aux lèvres seront tout le
dommage causé par une température de 39° et
même 40° thermométriques ; vous vous trouvez,
souvent, en présence de températures de 38°, à
peine, qui n'éveilleront en vous aucun soupçon de
gravité et le lendemain vous constatez tous les
symptômes d'une infection des plus sévères.

En physiologie pathologique, l'axiome physique, *la réaction est égale à l'action*, est loin d'être une vérité démontrée ; ainsi, voilà une femme que l'état de prostration, la misère physiologique, dénoncent formellement comme incapable de soutenir la lutte contre l'infection et le thermomètre accuse une température de 38°,6, une température qui reflète, sans doute, l'énergie de la réaction de la malade, mais cette action réactionnelle est certainement inhibée et par l'état précaire, le peu de résistance physique de la malade et aussi par l'intensité de l'intoxication, ou mieux par la qualité de l'intoxication ; nous avons vu précédemment que si la formation du plus grand nombre des corps azotés était exothermique, la formation de certains d'entre eux, tels que le cyanogène, par exemple, dont la molécule rentre dans le groupe de constitution de l'acide urique, étaient endothermiques.

Si vous vous laissez persuader que le degré thermométrique vous donne la somme exacte de l'équation morbide, vous vous abandonnerez aux douceurs de l'*expectation* chère à Balfour et à Diest, il y a déjà plus d'un demi-siècle ; votre malade guérira quelquefois, souvent il mourra, ce qui serait arrivé, selon toutes les apparences, au sujet de la première observation.

A la suite de l'injection copieuse de soluté, la

température baisse rapidement, me direz-vous ;
cela est certain, mais je constate la disparition du
point de côté, une grande amélioration dans l'état
général de la malade avant la chute thermométrique ; la température aurait pu ne pas baisser
aussi vite que l'état général s'améliorant, j'eusse
porté un pronostic favorable dès les premières
heures du traitement. J'ai observé, entre autres,
un enfant de sept ans, atteint de pneumonie
franche du côté gauche, dont la température oscil-
lait entre 40° et 41° ; délire, troubles vaso-moteurs
graves, carphologie, etc., quarante heures après
une injection de 2 centimètres cubes de soluté,
la température n'a pas sensiblement baissé, mais
le délire a cessé, les troubles vaso-moteurs sont
moins accusés, la carphologie a disparu, l'enfant
a repris quelques notions du monde extérieur ;
malgré l'avis d'un confrère, je porte un pronostic
favorable, et à la suite d'une nouvelle injection de
2 centimètres cubes, la guérison survint rapide.

Vous n'avez donc pas le droit d'affirmer que
l'état d'un malade n'est pas grave parce que sa
température n'est pas très élevée ; vous n'avez pas
le droit d'affirmer que la vie d'un malade est irré-
médiablement compromise parce que sa température est très élevée ; en face d'une broncho-pneumonie, moins, peut-être, qu'en face de toute autre

maladie, vous n'avez pas le droit de soutenir une pareille affirmation.

Les observations II et III présentent un caractère commun ; chez l'enfant de deux ans, comme chez la femme de vingt-six ans, la fièvre avait disparu depuis plusieurs jours déjà avant que la réparation locale fût complète ; le fait n'est pas nouveau, mais, à l'encontre de ce que l'on observe, en général, les malades ne paraissaient pas se douter qu'ils étaient encore malades ; ils n'étaient plus malades, en effet ; l'une des manifestations de la maladie subsistait, l'altération anatomique, mais une altération anatomique stérile.

Le sujet de la quatrième observation que je viens de vous relater offre quelques particularités intéressantes. Dès la première visite nous assistons à la résolution probable d'un point de broncho-pneumonie qui aura évolué silencieusement comme cela se voit encore fréquemment ; la poussée aiguë, la splénisation que nous avons constatée vingt-quatre heures après la première injection de soluté, le rajeunissement de la maladie, selon la pittoresque expression d'Aran, sont-ils le produit d'une poussée nouvelle de broncho-pneumonie, poussée plus éloquente que les précédentes, ou bien sont-ils le résultat immédiat des propriétés éliminatrices de l'iodobenzoyliodure de magnésium ?

Je n'oserais me prononcer d'une manière absolue, car la chose est fort délicate puisque pareils phénomènes s'observent au cours ou même en dehors de toute médication, mais si je juge par comparaison, je puis penser que les injections de soluté ne sont pas étrangères à la splénisation. Souvent on observe, chez les tuberculeux, une rudesse respiratoire, du souffle, à la suite d'une injection de soluté, au lieu des râles muqueux, des râles crépitants que l'on avait constatés avant l'injection ; la relation de cause à effet n'est pas douteuse en pareil cas ; le souffle n'a d'ailleurs pas duré plus de trois jours pendant lesquels il s'est éteint graduellement chez notre jeune malade.

Nous venons de voir que l'iodobenzoyliodure de magnésium était nettement anti-bactérien puisque l'état général du malade s'améliore peu d'heures après qu'il a été injecté ; les courbes de la température des malades sembleraient indiquer que l'iodobenzoyliodure de magnésium est antithermique. Je vous ai dit que la chaleur de formation de l'iodobenzoyliodure de magnésium était énergiquement exothermique ; sa décomposition absorbe donc une quantité notable de chaleur, mais ce n'est point dans l'absorption de calorique pendant sa transformation que je chercherai l'action antithermique de ce nouveau corps chimique.

L'hyperthermie, quelle qu'en soit l'intensité, qu'elle soit de quelques dixièmes de degré ou de quelques degrés, est le résultat, j'ai tout au moins essayé de vous le démontrer, d'une fermentation initiale; l'intensité de cette fermentation dépend tout autant, sinon plus, comme l'intensité de toutes les fermentations en général, de la matière fermentescible que du ferment lui-même ; dans toutes les maladies bactériennes, le ferment est le produit de la bactérie; pour arrêter la fermentation, il faut ou frapper la bactérie, ou détruire le ferment bactérien à mesure de sa formation, ou détruire la matière fermentescible chez l'individu, ce que croit réaliser la sérothérapie.

L'iodobenzoyliodure de magnésium agit sur la bactérie, non point sur les produits bactériens qui sont oxydés ou plutôt hydrolysés par l'organisme, non plus que sur les albuminates fermentescibles.

La température tombe de 2° vingt-quatre heures après l'injection de 2 centimètres cubes de soluté, chez l'enfant qui fait l'objet de la deuxième observation; elle tombe de 2° dans les vingt-quatre heures qui suivent l'injection de soluté dans la première observation comme dans la deuxième. Le 8 avril, le sujet de la troisième observation subit une injection de 4 centimètres cubes de soluté ; vers trois heures de l'après-midi la température est de 39°,5 ; le 9 avril à cinq heures du soir, la température est de 37°,5 ; la température est encore tombée de 2° en vingt-quatre heures ; l'action antithermique de l'iodobenzoyliodure de magnésium semblerait donc bien établie, mais, si le plus souvent ce composé chimique entraîne la chute de la température, quelquefois il élève la colonne thermométrique. La hausse thermométrique produite par les injections d'iodobenzoyliodure de magnésium pourrait, *a priori,* être placée à côté des fièvres nutritives de Bouchard ; la hausse thermométrique est liée à la suractivité, parfois nécessaire à la guérison des tissus malades ; la vitalité des tissus, inhibée par les produits bactériens, reprend un surcroît d'activité par la destruction des bactéries.

TABLE DES MATIÈRES

ÉVREUX, IMPRIMERIE DE CHARLES HÉRISSEY